如画的景观：
鲍希曼中国建筑论著选

Picturesque Landscape:
Selected Works of Ernst Boerschmann on Chinese Architecture

[德] 鲍希曼（Ernst Boerschmann）著

赵娟译

上海三联书店

目　录

温故启新：鲍希曼中国建筑考察研究及其意义

与现代学术意义上的诸多学科一样，中国传统建筑的研究，离不开近代"西学东渐"的背景。国人第一部《中国建筑史》作者乐嘉藻（1867—1944）曾述及："民国以来，往来京津，始知世界研究建筑，亦可成为一门学问。"正是在文化交互之中，中国学者才自觉到"中国有几千年之建筑，而无建筑之学"[①]。近代中国建筑学诞生之初，便深处在"东洋""西洋"的学术"应答"与"对话"之中[②]。以日本为代表的"东洋"，是近代亚洲学习西方现代模式的先行者。对日本及东亚建筑的现代研究，亦可以视为"西风东渐"影响下的产物[③]。因此，厘清早期

[①] 乐嘉藻：《中国建筑史》，北京：团结出版社，2011 年，第 1 页。乐氏该书 1933 年正式出版前，曾著《中国建筑学》(未刊稿)，系在国立北平大学艺术学院（今中央美术学院）讲授中国建筑的讲义。

[②] 笔者以为：中国古代建筑研究的早期学术格局，大体可分为三块：以锡乐巴（Heinrich Hildebrand, 1855—1925）、鲍希曼（Ernst Boerschmann, 1873—1949）、喜龙仁（Osvald Sirén, 1879—1966）、梅尔彻斯（Bernd Melchers, 1886—1967）、基灵（Rudolf Kelling）、艾术华（Johannes Prip-Møller, 1889—1943）等为代表的"西洋"研究；以日本学者伊东忠太（Itō Chūta, 1867—1954）、关野贞（Sekino Tadashi, 1868—1935）、常盘大定（Tokiwa Daijo, 1870—1945）等为代表的"东洋"研究；以及乐嘉藻、中国营造学社（1930—1947）等为代表的民国学术研究。这三支研究队伍，从一开始就并非各自孤立存在，而是处于刺激与回应、交流与借鉴、冲突与对抗、调整与适应、独立与合作的关系之中。

[③] 如在 19 世纪末 20 世纪初，德国铁路工程师、建筑师巴尔册（Franz Baltzer, 1857—1927）便已将现代西方建筑学方法运用于日本建筑的研究，著有《日本房子》(Das Japanische Haus, 1903)，发表于《建筑杂志》(Zeitschrift für Bauwesen)，后刊印了单行本；《日本的宗教建筑》(Die Architektur der Kultbauten Japans), Berlin: Verlag von W. Ernst & sohn, 1907。明治时期，受聘在日本指导铁路技术。

西方中国传统建筑研究的学术历程和诸多面相，对于理解 20 世纪以来中国传统建筑学的诞生和发展，反思当前中国传统建筑研究具有重要意义。

西方人对中国传统建筑的想象和认知，从图像上，可追溯到早期亚欧贸易从中国出口到欧洲丝绸、陶瓷、漆器等器物上的建筑图像，继补之以风情画中的场景点缀。从文献上，来华传教士发回欧洲的报告和书信，探险家、游历者和商人们的日记和见闻录中，亦有不少有据可查的描述①。

到 19 世纪下半叶，对于西方人研究中国传统建筑来说，出现了新突破的可能。首先，在世界格局中，中国的门户逐渐被打开，越来越多的西方人可以直接进入中国，获得对中国传统建筑的直接经验；其次，现代摄影术的诞生，也有越来越多"逼真"的建筑图像传到欧洲，成为欧洲学者们研究中国建筑可资参考的材料；再次，西方建筑的测绘方式直接应用到中国传统建筑，名副其实地复原或者仿造一幢中国建筑已经不再需要凭借太多想象力。最为重要的是，也正是在这一时期，欧洲汉学逐渐走出传教士汉学，开始向专业汉学，或者说学院派汉学迈进②。有关中国历史、政治、经济和文化的专业研究群体和著作，伴随着"殖民统治"和"扩张在华势力"的需要，慢慢开始兴盛于欧洲的大学和图书馆。与此同时，欧洲汉籍藏书和中国典籍西译也在这一时期得到大大扩充。正是在这样的时代大背景中，中

① 如：门多萨（Gonzales de Mendoza, 1540—1617）《中华大帝国史》；利玛窦（Matteo Ricci, 1552—1610）、金尼阁（Nicolas Trigault, 1577—1629）《利玛窦中国札记》；曾德昭（Alvaro Semedo, 1585—1658）《大中国志》；纽霍夫（Jan Nieuhof, 1618—1672）《荷兰东印度公司遣使中国皇帝记》；基歇尔（A. Kircher, 1601—1680）《中国图说》；安文思（Gabriel de Magalhães, 1609—1677）《中华新记》；李明（Louis le Comte, 1655—1728）《中国近事报道》；杜赫德（Jean-Baptiste Du Halde, 1674—1743）《中华帝国通志》；等等。
② 张西平、叶向阳：《关于海外汉学的对话》，载张西平编：《他乡有夫子——汉学研究导论》，北京：外语教学与研究出版社，2005 年，第 160—161 页。

国传统建筑逐渐被纳入"世界建筑史"和"中国艺术史"的写作框架之中①，西方也出现了一批具有一定专业背景（建筑学、建筑史、艺术史、汉学和文化人类学等）的中国建筑的研究者②。德国建筑师、汉学家、中国艺术史研究者鲍希曼（Ernst Boerschmann，1873—1949）（图 1）也正是在这一背景下，进入中国建筑的考察和研究，成为第一位全面系统考察和研究中国建筑的西方学者。

图 1　鲍希曼

① 论及世界建筑史框架中的中国建筑，如：James Fergusson：*A History of Architecture in All Countries, from the Earliest Times to the Present Day*，London：John Murray，2 vols，1865 – 1867；*A History of Indian and Eastern Architecture*，London：John Murray，1876；*A History of the Modern Styles of Architecture*，London：John Murray，1862. Edward Augustus Freeman：*A History of Architecture*，London：Joseph Masters，1849. Banister Fletcher and Banister F. Fletcher：*A History of Architecture on the Comparative Method*，Fourth Edition，London：B. T. Batsford，1901. 中国艺术史写作框架中的中国建筑，如 Osvald Sirén：*The Walls and Gates of Peking*，London：John Lane，1924；*Chinese Sculpture from the Fifth to the Fourteenth Century*，London：Ernest Benn Ltd，1925；*The Imperial Palaces of Peking*，3 vols，Paris and Brussel：Librairie Nationale d'Art et d'Histoire，1925；*A History of Early Chinese Art*，London：Ernest Benn Ltd，1929. Oskar Münsterberg：*Chinesiche Kunstgeschichte*，Band. II *Die Baukunst*，Esslingen a. N.：P. Neff，1924。

② 除了前文提及的几位研究者，可列举的例子还有许多：Joseph Edkins：*Chinese Architecture*，Kelly & Walsh，1890. Heinrich Hildebrand：*Der Temple Ta-chüeh-sy（Tempel des grossen Erkennens）bei Peking*，Berlin：A. Asher & Co.，1897. Stephen Wootton Bushell：*Chinese Art*，1904，1905 – 1906；F. Laske：*Der Ostasiatische Einfluss auf die Baukunst des Abendlandes*，Berlin：Verlag von Wilhelm Ernst & Sohn，1909. Volpert：Die Ehrenpforten in China. *Orientalisches Archiv*，1911. Mahlke：Chinesische Dachformen，*Zeitschrift für Bauwesen*，1912. Schubart：Der Chinesische T'ing-Stil. Zeitschrift für Bauwesen，1914. De Groot：*Der Thupa, das heiligste Heiligtum des Buddhismus in China*，Berlin：Verlag der Akademie der Wissenschaften，1919；Bernd Melchers：*China：Der Tempelbau；Die Lochan von Ling-yän-si：Ein Hauptwerk buddhistischer Plastik*，Folkwang. Verlag G. M. B. H.，Hagen i. W.，1921. Otto Kümmel：*Die Kunst Ostasiens Die Kunst des Ostens*，Herausgegeben von William Cohn，Band IV. Berlin，1921. Rudolf Kelling：*Das Chinesische Wohnhaus*. 1922（Manuskript），Leipzig：Kommissions verlag von Otto Harrassowitz，1935. Anneliese Bulling：*Die chinesische Architektur von der Han-Zeit bis zum Ende der T'ang-Zeit*，Lyon：Imprimerie Franco-Suisse，1935. J. Prip-Møller：*Chinese Buddhist Monasteries*，Copenhagen and London：1937。

一、考察与记录

1. 机缘与兴趣的萌生：第一次中国行（1902—1904）

鲍希曼1873年生于昔日东普鲁士的梅美尔（Memel），1891年高中毕业之后，到夏洛腾堡工学院①学习建筑工程。完成资格考试（Referendariat und Staatsexamen）后，1896年到1901年在普鲁士政府机构中担任建筑与建筑工程事务（Architektur und Bauwesen）的官员②。1902年乘坐当时通行的蒸汽船，经由印度来到中国，此次驻地和活动范围主要是北京、天津和青岛。1904年任期结束，经上海启程回国。此行萌生了研究中国传统建筑的想法：

1902—1904的这两年，即我在中国的第一次驻留期间，就已经萌发了有计划地去研究中国古代建筑的念头。中国建筑的结构和形式特征，艺术性的尽善尽美与经验感知的纵深融合，都给我留下了深刻的印象。那次，我还对北京西山碧云寺的许多建筑部件进行了测绘。③（图2）

2. 全面系统的考察：第二次中国行（1906—1909）

在东方学家达尔曼（P. Joseph Dahlmann S.J, 1861—1930）和政治家巴赫曼（Karl Bachem, 1858—1945）等人的支持和帮助下，鲍希

① Technischen Hochschule (Berlin-) Charlottenburg,今天柏林工业大学的前身。
② Fritz Jäger：Ernst Boerschmann（1873 - 1949）. *Zeitschrift der Deutschen Morgenländischen Gesellschaft*，99（N.F. 24）/1945 - 1949(1950)，S. 150 - 156.此文系鲍希曼在汉堡大学的同事、汉学家颜复礼(1886—1857)在其去世之后撰写的纪念性文章，笔者将该文译为中文，发表于《艺术设计研究》(2013年第3期)，可供参考。
③ Ernst Boerschmann：*Die Baukunst und religiöse Kultur der Chinesen. Einzeldarstellungen auf Grund eigener Aufnahmen während dreijähriger Reisen in China*. Band I：*P'u T'o Shan，die heilige Insel der Kuan Yin，der Göttin der Barmherzigkeit*. Berlin：Druck und Verlag von Georg Reimer, 1911, p. viii.

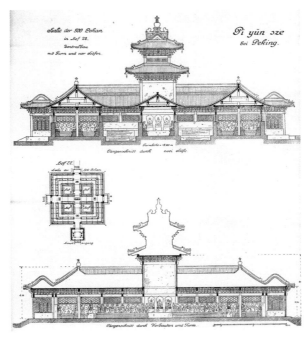

图 2　北京西山碧云寺五百罗汉堂

曼获得德意志政府的资助，赴中国进行为期三年的建筑考察，其使命是"考察中国建筑及其与中国文化的关系"①。鲍希曼将考察的范围限定在"古老中国的十八行省"，而其考察范围遍及"十四省"②。不难看出，其"中国建筑"之"中国"，主要指汉族聚居地。其全部的考察路线，包括从欧洲进入中国和返回欧洲的路线，都进行了精心设计：

　　此行途径巴黎、伦敦和美国，在那里的博物馆欣赏中国艺术珍

---

① Ernst Boerschmann: Architektur-und Kulturstudien in China, *Zeitschrift für Ethnologie*, 1910, pp. 390 - 426.

② "十八省"，即内地十八省，或者是关内十八省。大致是清代时的汉族主要居住区，包括：江苏、浙江、安徽、江西、湖北、湖南、四川、福建、广东、广西、云南、贵州、河北（直隶）、河南、山东、山西、陕西、甘肃。晚清欧洲人创造了"中国本部"（China Proper）的概念，或称为"中国本土"，西方世界用来称呼由大量汉族人口聚居，汉文化占统治地位的中国核心地带。

宝。接着路过了作为东方文化支系的日本,几周下来,拾掇了一些零散即逝的东方印象。最终在十二月抵达我的目的地——北京。时至1909 年,我完成了在中国的考察工作,经由丝绸之路,重返阔别整整三年之久的德国。①

主要是:

循着那些古代交通要道,不断地深入到人口稠密,几乎是最富庶地区的中国人的生活中。②

之所以如此,是出于我研究中国的主旨:理解中国文化何以呈现为今天所见的整体性,以及她内在蕴含的精神力量。因此,需要去探究重要文化遗迹中那些让人印象深刻的建筑物,聚焦精神文化生活和经济生活的核心地区,就像在我们文化领域中通常进行的研究一样。③

其考察以北京为大本营,大体可以分为三个阶段:

1）第一阶段:1906 年 12 月—1907 年 8 月

冬抵北京,准备以北京为中心的短途考察。主要考察地有:十三陵、清东陵、热河夏宫（今承德避暑山庄）;夏天在北京西山度过。

2）第二阶段:1907 年 8 月—1908 年 1 月（7 个月）

8 月 23 日—29 日从西陵经灵丘前往五台山（8 月 29 日至 9 月 6日）,9 月 6 日从五台山返回,经龙泉关到定州（今定县）火车站,乘火车一路向南,从开封渡黄河,沿黄河向东。接着去山东的泰山、曲阜等

---

① Ernst Boerschmann: Architektur-und Kulturstudien in China, *Zeitschrift für Ethnologie*, 1910, pp. 390 – 426.

② 同上。

③ Ernst Boerschmann: *Die Baukunst und religiöse Kultur der Chinesen. Einzeldarstellungen auf Grund eigener Aufnahmen während dreijähriger Reisen in China*. Band I: *P'u T'o Shan, die heilige Insel der Kuan Yin, der Göttin der Barmherzigkeit*. Berlin: Druck und Verlag von Georg Reimer, 1911, p. xiv.

地。冬天临近，一路向南，在宁波过圣诞节；12 月 31 日至 1908 年 1 月 17 日，考察浙江舟山普陀山；1 月 18 日宁波码头经由海路回北京。

3）第三阶段：1908 年 5 月—1909 年 5 月（12 个月）

前往山西太原，5 月 7 日考察天龙山石窟①，斜穿山西到潞村，从黄河拐弯处进入陕西，考察西安，登临华山。南下四川，到首府成都，最西达到雅州府。8 月 29 日启程成都，10 月在峨眉山三周。乘德国"祖国号"沿岷江而下，从宜昌进入湖北，从洞庭湖到湖南长沙，江西短暂停留（与萍乡煤矿的德国工程师一起过圣诞节），1909 年新年在衡山度过，接着去广西首府桂林，沿桂河到西江，进入广东到广州，经由海路到福建福州。浙江杭州过复活节，历经一年于 5 月 1 日回到北京。

回国后，作为德意志北京文化使馆建筑事务负责人（Der Kaiserlichen Gesandtschaft in Peking als bautechnischer Sachverständiger）的鲍希曼，向相关负责部门递交了考察汇报和进一步研究的计划。在 1910 年 6 月 19 日的备忘录中②，鲍希曼对此行的材料收集情况进行了呈列：

1. 大大小小共计 2500 张草图和笔记；

2. 1000 页建筑测绘记录和日记；

3. 8000 张建筑照片；

4. 2000 张拓片（多为人物或装饰图案）；

5. 几百本原稿城市和寺庙的规划图、画册、舆图、书籍等。

这些材料成为鲍希曼接下来研究和写作的基础。之后他陆续在

---

① Ernst Boerschmann: Die Kultstätte des T'ien Lung Shan[天龙山，bei T'ai-yüan-fu, Shansi]. Nach einem Besuch am 7. Mai 1908. 山西太原天龙山石窟：作于 1908 年 5 月 7 日的考察之后，*Artibus Asiae* 1. 1925/26, pp. 262 - 279。

② Hartmut Walravens: Ein deutsches Forschungsinstitut in China, NOAG 171/172, 2002, 亦参见 Staatbibliothek zu Berlin, Neuerwerbungen der Ostasienabteilung, Sonderheft 40, 1, S. 198.

德国进行中国建筑为题的报告、演讲①，组织展览②，向西方世界传递他对中国传统建筑的认识和理解。在西方将摇摇欲坠的晚清帝国视为"停滞的帝国""衰落的文明"之际，鲍希曼在亲历的考察中依然感受到古代文明在中国大地上的延续性、活力和希望，并给予尊重和珍视。他对于建筑遗产的保护忧心忡忡，且以实际的行动、一生的不懈，为人类的文化遗产保护努力；他为"硝烟战火中遭到直接毁坏的建筑古物"以及"随之而来对艺术、对德性的冷漠、无视和轻视"感到痛惜，为在骚乱面前隐匿的虔诚和沉寂，以及随之而来艺术创造力的衰退表示忧心，对"欧洲人那些五花八门极具破坏性的行为"③表示愤慨。他作为"中国艺术和文化的朋友充满着正义的愤怒"，然而他深切知道，自己能做的其实并不是很多：

　　于是激发了这样的一个愿望：那些古物，可能会在这样的灾难中逐渐衰亡，但是至少可以为后代子孙留下一些文字和图像的记载。中国古建文物很快会消亡，我在第一卷导言(《普陀山》)中曾表达过这种忧虑，这很令人痛心地被证明了。鉴于这一考虑，对中国古建文物尽快全面的录入登记，势在必行。至少用当今研究者可能的方法

---

① 1910年4月16日，鲍希曼在人类学学会(Anthropologischen Gesellschaft)做了题为"中国建筑与文化研究"(Architektur-und Kulturstudien in China)的报告，1910/1911年冬天有六场讲座，四场规模较小，针对普通大众，另外两场基础且根本的则是：1911年2月13日在柏林建筑师协会(Architektenverein zu Berlin)和4月18日在地理学学会(Gesellschaft für Erdkunde)的报告，可以看作1910年4月16日报告的进一步拓展和补充。

② 1912年6月4日至7月20日柏林工艺博物馆(Kunstgewerbe-Museums zu Berlin)在前厅举办了中国建筑特展，鲍希曼为此次展览撰文并提供了绘图和照片。1926年10月24日至11月11日法兰克福艺术协会(Kunstvereins in Frankfurt a. M.)的中国建筑展中。参见 Chinesische Architektur. Begleitewort zu der Sonder-Ausstellung chinesischer Architektur in Zeichnungen und Photographien nach Aufnahmen von Ernst Boerschmann. 1912, 1926.

③ 《祠堂》："一些古董商和收藏家，以一种几乎丧失理智的狂热，或者是出于一己之私，都想把地方藏品装进自己的口袋。他们无所顾忌，干一些大肆毁坏的事情，再或者就是驯服那些懒惰或贫穷的中国人，去满足自己不可告人的目的。晚近以来，一些著名石窟的遭遇便是如此，雕像被从石窟中分割下来，运到他们所在的欧洲去。而在欧洲，人们对建筑和艺术遗产的保护，正津津乐道着呢。"

来记录它们，这样，我们才能经得起子孙后代的历史检验。①

3. 隔"世"再访：第三次中国之行(1933—1935)

1909 年 7 月结束了北京的工作，经由丝绸之路返回德国。鲍希曼回国之后陆续出版了系列的中国建筑研究著作。而这期间，中国社会发生了巨大的变化，帝制也在中国被废除②。第一次世界大战之后，德国的关注中心也逐渐转回欧洲。1924 年他从政治和军事事务中退身而出，进入柏林工业大学担任建筑学的教职。由于研究的进一步需要，从 20 年代末开始，鲍希曼便筹划着再次前往中国，进行中国建筑和城市的考察。此行考察的研究资助也可谓一波三折，最终于 1933 年得以成行③。

1933 年 9 月 23 日鲍希曼抵达香港。此次一年多的中国建筑考察，大体可分为以广州为中心的"珠三角"地区建筑考察、以上海和南京为中心的"长三角"地区建筑考察，以及中原地区建筑考察。

在华南地区，鲍希曼到了香港、广州、澳门、肇庆、韶关，重点考察了鼎湖山、丹霞山、罗浮山等名山的佛教、道教寺庙，而去韶关的主要目的则是考察惠能(638—713)宣扬南宗禅的南华禅寺。

在华东地区，鲍希曼分别考察了上海、南京及周边地区(如太湖沿岸的苏州)、扬州，长江周边的运河河段，以及安徽的佛教名山九华山。长三角地区的城市形态、景观规划，以及涌现的新建筑为鲍希曼提供了一些新的思考。1934 年 12 月末，鲍希曼在浙江首府杭州参观了天目山、天台山，以及古城金华、兰溪和绍兴以及环杭州湾的一些地方。

① Ernst Boerschmann: *Die Baukunst und religiöse Kultur der Chinesen. Einzeldarstellungen auf Grund eigener Aufnahmen während dreijähriger Reisen in China.* Band II: *Gadächtnistempel Tzé Táng.* Berlin u. Leipzig: Druck und Verlag von Georg Reimer, 1914, p. ix.
② Ernst Boerschmann: Das neue China, *Sinica* 11. 1936, pp. 99 - 119.
③ 关于第三次考察的准备过程，可参阅: Briefwechsel zwischen Gustav Ecke und Ernst Boerschmann, in *"Und der Sumeru meines Dankes würde wachsen": Beiträge zur ostasiatischen Kunstgeschichte in Deutschland (1896 - 1932)*, Wiesbaden: Harrassowitz, 2010, pp. 99 - 160。

在华北地区，鲍希曼去了河南开封、郑州、洛阳，造访了大量名胜古迹，如龙门石窟、白马寺、中岳嵩山的佛教和道教寺庙（特别是少林寺）。在陕西，参观了潼关和西安①，鲍希曼对那里大量的周代、汉代和唐代陵墓很有兴趣。1934 年底的几个月，鲍希曼还去察哈尔、绥远、包头，以及山西大同、太原进行考察，参观过云冈石窟和北岳恒山；并曾在河北正定、山东济南和青岛短暂停留。

此外，1934 年 8 月 2 日到 9 月 5 日，鲍希曼抵达鄱阳湖畔的江西庐山，考察了最高处的牯岭到山脚的大量宗教遗迹和建筑，同时也考察了山脚的九江城。

在一些省会中心城市，除了考察之外，鲍希曼还参加了一些社会和学术交往。1933 年 12 月 14 日—18 日及 31 日在岭南大学作了学术报告②，拜访了政治家唐绍仪（1862—1938）③，应邀参加了上海中国建筑师学会的欢迎宴会④。2 月 1 日在威廉海姆学校（Kaiser-Wilhelm-

① Ernst Boerschmann: Aufstieg in Shensi: Erlebnisse und Beobachtungen, *Ostasiatische Rundschau*, Nr. 5., S. 130 - 136.; Hartmut Walravens: Ein Besuch in Sianfu[Xian] im Juni 1934, *Zeitschrift der Deutschen Morgenländischen Gesellschaft* 158. 2008, 401 - 418.

② Ernst Boerschmann: Chinese Architecture in the Past and Present. An illustrated lecture recently delivered before the Arts and Science Club of Lingnan University. *Canton Gazette* 14., 15., 16. und 18. 12. 1933; Durch südliche Eingangstore nach China, *Deutsch-Chinesische Nachrichten*, 998: 31. 12. 1933.

③ Ernst Boerschmann: Besuch bei Tang Shao-yi, *Deutsche Allgemeine Zeitung*, 20. 1. 1934; *Deutsch-Chinesische Nachrichten* 1044: 25. 2. 1934.

④ 童寯（1900—1983）曾两次提到过鲍希曼此次的上海之行。在"1949 年前参加组织补充交代"第 7 条论及"上海中国建筑师学会"：1936 年（此处疑误，应为 1934 年，鲍希曼 1936 年已回到德国）德国柏林大学教授鲍希曼来中国访问，到上海时学会开午餐会欢迎他。他十九世纪末即开始研究中国古典建筑，曾来中国各地照相，著有中国建筑二册和"中国之塔"一书。这是他第二次来中国（此处疑误，应为第三次），并到北平中国营造学社访问，见过梁、刘。在我们的午餐会上，他讲了话并介绍柏林大学建筑课情况，那时德国在纳粹统治之下，他未提政治问题，大家也未问他看法怎样。他很快就动身从上海回国。另外一处：鲍希曼，德国柏林大学教授，最早（研究）中国建筑，于满清末年著"中国建筑二册"，又著"中国之塔"一书。1936 年冬第二次来中国（疑误，应为 1934 年冬，第三次来中国），到北平时是"学社"的"老朋友"。他也到过上海，那是我参加中国建筑师学会为他举行的欢迎聚餐（第 406—407 页）。见童寯：《童寯文集》（第四卷），北京：中国建筑工业出版社，2006 年。

Schule)作了题为"转型时期中国建筑艺术"的演讲①，参加了欧德曼（Wilhelm Othmer，1882—1934）的追思会②。到北京拜访了中国营造学社，与梁思成（1901—1972）和刘敦桢（1897—1968）会过面。

　　完成所有的考察计划后，1935 年 1 月 8 日鲍希曼从上海经过福建福州，到达香港，从香港回到德国③。

　　这次鲍希曼终于实现遍访"四大名山"和"五岳"的梦想，进而为后来的《中国宝塔》第二卷收集了材料。同时，他也亲自经验了辛亥革命之后的中国社会。他在中国社会巨大变革之际保留下来的图像、测绘和文字，都已经成为共同的"遗产"。④

二、鲍希曼的建筑写作体系与表述策略

　　1904 年回到德国之后，鲍希曼便在报刊上发表了《中国建筑艺术研究》⑤与《北京佛寺之碧云寺》⑥。以第二次考察为基础，1910 年 4 月 16 日在柏林作题为"中国建筑及其与文化关系之研究"的演讲，

---

① Ernst Boerschmann: Chineische Baukunst im Wandel unsere Zeit. Aus einem Vortrag von Professor Ernst Boerschmann vor der O. A. G. Shanghai am 1. Februar 1934 in der Kaiser-Wilhelm-Schule, *China-Dienst* 1934, pp. 182 - 186.

② Ernst Boerschmann: 欧德曼（Wilhelm Othmer，1882—1934）. Ein rechter Mann am rechten Platze. Gedenkwort von Ernst Boerschmann Ou-t'e-man chiao-shou ai-szu-i Gedenkschriften an Prof. Dr. Wilhelm Othmer, Nanking: *Nan-ching kuo-hua yin-shu-kan* 1934, pp. 17 - 19。

③ 第三次考察行程信息参阅 Ernst Boerschmann: Neue Reise nach China, *Ostasiatische Zeitschrift*. NF 11. 1935, 76 - 79。亦可参见: Meine chinesische Reise 1933/1935; Ziel, Wege und Erkenntnisse, *Deutsche Allgemeine Zeitung* No. 73 - 74（vom 14. Febr. 1935）; Äußerer Verlauf, *Deutsche Allgemeine Zeitung* No. 75 - 76（vom 15. Febr. 1935）; China im Aufbau, *Deutsche Allgemeine Zeitung* No. 117 - 118（vom 12. März 1935）.

④ 徐苏斌、青木信夫、贺美芳:《读解非文字的文化遗产史学——20 世纪初日本的中国建筑调查历史照片之研究》,《南方建筑》2011 年第 2 期。

⑤ Ernst Boerschmann: Über das Studium der chinesischen Baukunst, *Kölnische Volkszeitung*, No. 124, 12. 2. 1905, 1 - 2, *Ostasiatischer Lloyd* 31. 3. 1905, pp. 573 - 576.

⑥ Ernst Boerschmann: Pi-yün-szi bei Peking, ein buddhistischer Tempel, *Wochenschrift des Architeken-Vereins zu Berlin* 1. 1906, pp. 4 - 52.

后发表于《民族学杂志》①，英文版则发表于《史密森尼学会年鉴》②。1912 年美国政府印刷办公室刊行了单行本。1911 年"中国建筑艺术与宗教文化"系列的第一卷《普陀山》付梓出版③，专题探讨了浙江舟山群岛普陀山的宗教建筑；1914 年第二卷《祠堂》④出版，对中国历史上的"纪念性庙堂"进行了探讨；第三卷《中国宝塔》⑤（第一部分）（图3）时隔 17 年之后才出版。这 17 年间，鲍希曼参加了第一次世界大战，并且战后负责了东普鲁士战争墓地的拆迁工作。1924 年进入夏洛腾堡工学院担任教职，成为职业的中国建筑学研究者。2016 年，德国文献目录学者魏汉茂（Hartmut Walravens）将《中国宝塔》第二部分整理出版⑥（图 4）。该系列三卷本，构成一个完整的序列和整体，同时因为历史的机缘又有着一些内在的发展。

1. 个案为基础，历史科学为原则

从整体上，坚持"个案研究为基础"（可靠性）和"历史原则"（科学性），尽可能将研究建立在稳固的基础之上。鲍希曼严格恪守的基本

---

① Ernst Boerschmann: Architektur-und Kulturstudien in China, *Zeitschrift für Ethnologie*, 1910, pp. 390 – 426.

② Ernst Boerschmann: Chinese architecture and its relation to Chinese culture (with 10 plates), *Annual report of the board of regents of the Smithsonian Institution*, 1911. Washington, D. C.: Govt. Printing Office 1912, pp. 539 – 567.

③ Ernst Boerschmann: *Die Baukunst und religiöse Kultur der Chinesen. Einzeldarstellungen auf Grund eigener Aufnahmen während dreijähriger Reisen in China*. Band I: *P'u T'o Shan, die heilige Insel der Kuan Yin, der Göttin der Barmherzigkeit*. Berlin: Druck und Verlag von Georg Reimer, 1911.

④ Ernst Boerschmann: *Die Baukunst und religiöse Kultur der Chinesen. Einzeldarstellungen auf Grund eigener Aufnahmen während dreijähriger Reisen in China*. Band II: *Gadächtnistempel Tzé Táng*. Berlin und Leipzig: Druck und Verlag von Georg Reimer 1914.

⑤ Ernst Boerschmann: *Die Baukunst und religiöse Kultur der Chinesen. Einzeldarstellungen auf Grund eigener Aufnahmen während dreijähriger Reisen in China*. Band III: *Pagoden: Pao Tá*（宝塔）. Erster Teil. Berlin und Leipzig: Walter de Gruyter & Co. 1931.

⑥ Ernst Boerschmann: *Pagoden in China: Das unveröffentlichte Werk „Pagoden II"*, *Aus dem Nachlass herausgegeben, mit historischen Fotos illustriert und bearbeitet von Hartmut Walravens*, Wiesbaden: Harrassowitz Verlag, 2016.

图 3 《中国宝塔 I》插图　　图 4 《中国宝塔 II》封面

前提：

　　根据我个人实地的信息采集进行精确的、几何的测绘图绘制，通过绘画速写、照片和中国原始材料来进行说明。中国建筑物上，寺庙中，处处都有一些文字，富有诗情画意，同时深含历史和宗教内容，这些文字都相应地给出了翻译，而且尽可能都附录了中文原文，以便保持汉语特有的节奏和韵律感。书中描绘了建筑的细部、山上庙中僧侣们的生活、香客、建筑物与近景和远景之间的关系，还有建筑自身的格局，且这些描述辅以图像作补充。

　　在鲍希曼看来，"首要的是，竭尽可能精确地对单体建筑进行测绘，摒除错误。首先，绘制几何图形，尤其是平面图，包括所有的细部特征和艺术关联；其次，从不同的角度进行图片拍摄"。在研究方法上，锡乐巴（Heinrich Hildebrand，1855—1925）的《北京大觉寺》①和法国汉学家沙畹（Emmanuel-Edouard Chavannes，1865—1918）的历史研究，成为鲍希曼推崇的学术典范。鲍希曼认为，"将中国古代建筑尽可能丰富地罗列呈现出来，是研究中国建筑艺术和宗教文化的前提和基础"②。精确可靠的历史研究，是理解建筑图像和建筑史的必要前提。他也清醒认识到，对于西方学者而言，研究西方建筑艺术时，历史是不言而喻的，然而当他们研究中国建筑艺术的时候，"历史知识的可靠性"尚未得到确证。这是鲍希曼所处整个时代西方学者进行中国古代建筑研究的困难之处。

到《中国宝塔》一书中，鲍希曼除了自己采集的材料之外，开始积极利用同时代学者们的材料和研究成果：

那时已经清楚认识到，必须从根本上超越和拓展个人的研究材料和观察的范围。在此前的研究著作中，主体材料都来源于自己的收集、整理和加工。在当前著作中，这些材料只是一部分，当然，依然是数量非常可观的一部分。

2. 宗教文化与建筑艺术的相互建构

三卷本要旨在于借由中国建筑艺术与宗教文化之间的关系，理解中国文化的整体性和内在性。三卷本的框架，也是鲍希曼所理解的"中国文化的结构"。在鲍希曼看来：

① Heinrich Hildebrand: *Der Temple Ta-chüeh-sy (Tempel des grossen Erkennens)* bei Peking, Berlin: A. Asher & Co., 1897. 海因里希·锡乐巴（Heinrich Hildebrand，1855—1925），德国铁路工程设计师，1886 年来到中国。胶济铁路最初的主要设计者。见《普陀山·导论》p. xv; p. xii。
② Ernst Boerschmann: *Die Baukunst und religiöse Kultur der Chinesen. Einzeldarstellungen auf Grund eigener Aufnahmen während dreijähriger Reisen in China.* Band II: *Gadächtnistempel Tzé Táng.* Berlin und Leipzig: Druck und Verlag von Georg Reimer 1914, P. VI - VII.

在中国精神文化的领地，存在着清晰可辨的两个部分：即中国古代思想因素和后传入的佛教因素，二者相互关联，同时并行。因此，在建筑研究领域，对中国建筑的营建，也必须从整体上依据这两个方向来进行划分。

因此，《普陀山》集中讨论了普陀山的佛教建筑；而《祠堂》则集中于探究中国古代祭祀仪礼之场所——宗庙和祠堂，且将对祠堂的描述限定在中国古代思想的范围内进行。第三卷佛塔研究，则呈现出了宗教母题的转换，试图在建筑研究领域，明晰描绘出中国文化的双重视域。在鲍希曼看来，正是二者的融合，才构成了中国宗教文化本身。

鲍希曼认为，正是建筑艺术与宗教相互建构特有的这种和谐感，促使他把二者作为一个整体进行描绘和解释。所以，这三卷本与宗教研究和建筑研究都有所不同，既不会采取宗教专著的表述方式，也不沉溺于形式要素的分析，而是关注二者的互相建构，借以感知中国文化的本质，通过自身的观察，立足中国立场来理解中国文化。

3. 历史—地理的风格类型

如果说"个案为基础"和"历史科学原则"奠定了鲍希曼"建筑师"和"汉学家"的身份，那么在建筑遗产编目上，及随后会论及的建筑语言形式和装饰研究，则塑造了他"艺术史学者"的身份。"风格学"作为艺术史的基本方法，在德国影响尤其深远。鲍希曼试图有计划地按州府地理分布将那些古建筑汇列成表，因为"风格类型"和"地理"两种考虑在中国其实近乎一辙。因此他在自己的著作中，对提及的建筑都按地理分布系统进行编列，尝试着有计划地建立一个中国古建筑的清单列表。在他看来，"尽管有时候仅凭文献功夫也能塑造完整的历史图景，但借助古建筑本身来确定历史场景的路径更靠谱"。甚为可惜的是，作为该系列构成的《中国宝塔》第二部，在鲍希曼有生之年未能出版。

　　除了这个三卷本系列之外，1923 年鲍希曼出版了《中国建筑艺术与景观》①（图 5），该书同时出版了英文版和法文版②，书中的 288 张图片也同时用五种文字（德语、英语、法语、西班牙语、意大利语）进行了标注。该书是一个针对大众的普及版，也是鲍希曼在商业上最为成功的一本著作。该书优美而简短的开篇文字，凸显了中国建筑与"自然环境"和"文化因素"的紧密关联。1982 年，美国据此出版了一个"摄影版"的《旧中国：历史照片系列》（图 6），由翁万戈（1918—2020；系翁同龢五世孙）作序；该书删掉了原有的文字部分，对照片进行了重新排列，并对地图和历史地名进行了"更新"③。1984 年，台湾媒体人罗智成据此本译成《西风残照故中国》④在台出版。直至 2005 年，中国大陆学术界才有了第一本以 1926 年英文版为底本的中译本《寻访1906—1909：西人眼中的晚清建筑》⑤，2010 年由中国建筑工业出版社出版了由德文中译的《中国建筑艺术与景观》，且中英对照。这两个译本成为中文学界了解并评述鲍希曼的为数不多的材料。

　　1925 年的《中国建筑》（两卷本）⑥，核心要旨则是阐明古老中国

① Ernst Boerschmann: *Baukunst und Landschaft in China. Eine Reise durch zwölf Provinzen*. Berlin: Ernst Wasmuth, 1923.
② 英译本 Ernst Boerschmann: *Picturesque China: Architecture and Landscape: A Journey through Twelve Provinces*, trans. Louis Hamilton, New York: Brentano's, 1923、1926; Berlin-Zürich: Atlantis-Verlag, 1925; London: T. Fisher Unwin, 1926. 法译本: Ernst Boerschmann: *La Chine pittoresque*, Paris: A. Calavas 1923。
③ Ernst Boerschmann: *Old China in Historic Photographs*, *288 views with a new introduction by Wan-go Weng*[翁万戈], New York: Dover; London: Constable, 1982.
④ ［德］伊斯特·柏希曼：《西风残照故中国》，罗智成译，台北：时报文化出版社，1984 年。
⑤ ［德］恩斯特·柏世曼：《寻访 1906—1909：西人眼中的晚清建筑》，沈弘译，天津：百花文艺出版社，2005 年。
⑥ Ernst Boerschmann: *Chinesische Architektur* (2 Bände), 340 Tafeln in Lichtdruck: 270 Tafeln mit 591 Bildern nach photographischen Vorlagen und 70 Tafeln nach Zeichnungen. 6 Farbentafeln und 39 Abbildungen im Text. Berlin: Ernst Wasmuth A-G, 1925.

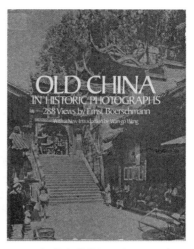

图 5　《中国建筑艺术与景观》套封　　图 6　纽约多佛版《旧中国：历史照片系列》书封

的营建文化与建筑的形式世界，即中国建筑及其形式语言（Formensprache）与物质文化、精神文化的紧密关联。该书导言"中国传统建筑的形式研究"与总论"中国建筑之本质"通过二十个章节分门别类的论述，呈现出一个独立而宏大的视角，即纯粹艺术形式的语言本身，在艺术传达上的价值。紧接下来的 1927 年，《中国建筑陶饰》[①]出版了，该书致力于中国建筑砖石构建的装饰研究。大约砖石构建对于西方建筑学者而言，更为亲切和容易理解，而当时对于"中国建筑木结构特征"还缺乏足够自觉。在鲍希曼的写作框架中，还曾为五台山预留了专门的位置，著名的东方学者克伦威德尔（Albert Grünwedel，1856—1935）还曾受鲍希曼之托翻译了相关的蒙古文文献[②]。这些在

①　Ernst Boerschmann：*Chinesche Baukeramik*．Berlin：Albert Lüdtke Verlag，1927．
②　Hartmut Walravens：*Briefwechsel mit Ernst Boerschmann*，*Albert Grünwedel：Briefe und Dokumente*，Wiesbaden：Harrassowitz，2001，pp. 103 - 112．

鲍希曼有生之年未能如愿完成的专著写作，由今天的文献学学者进行了编目著录①。或许五台山会集中表达他对"中国建筑布局和建筑群规划"的理解，这些思想在他此前发表的论文中已初见端倪②。

三、接受与遗产：对中国古代建筑研究之思考

鲍希曼的研究论著，在当时就引起了一些欧洲学者的注意和评论。对其七种著作的评论，发表于西方各种重要的汉学、建筑学、艺术史、人类学等刊物上。撰写评论的学者，几乎都是当时欧洲在该领域享有盛誉的学者，如汉学家福兰阁（Otto Frank，1863—1946）、沙畹（Emmanuel-Edouard Chavannes，1865—1918）、孔好古（August Conrady，1864—1926）、福尔克（Alfred Forke，1867—1944）、伯希和（Paul Pelliot，1878—1945）、郝爱礼（Erich Hauer，1878—1936）、海尼士（Erich Haenisch，1880—1966），还有溥仪的老师庄士敦（Reginald F. Johnston，1874—1938）；艺术史学者如屈美尔（Otto Kümmel，1874—1952）、科恩（William Cohn，1880—1961）、巴赫霍夫（Ludwig Bachhofer，1864—1945）、萨尔摩尼（Alfred Salmony，1890—1958）等；人类学家海斯特曼（P. Ferdinand Hestermann，1878—1959）、毛斯（Marcel Mauss，1872—1950）、神父和文化人类学家克莱希高（Damian Kreichgauer，1859—1940）；考古学家欧尔曼（Franz Oelmann，1883—1963）；等等。他们对鲍希曼研究在当时欧洲汉学、中国建筑艺术、宗教文化领域的重要性和贡献作出了关注与

---

① Hartmut Walravens: *Lagepläne des Wutai shan und Verzeichnisse seiner Bauanlagen in der Provinz Shanxi*, Wiesbaden: Harrassowitz, 2012.

② 如：Chinesische Stadtpläne, *Deutsche Bauhütte* 33. 1929, pp. 106‐107, 128‐130; Die Kultstätte des T'ien Lung Shan[天龙山, bei T'ai-yüan-fu, Shansi]. Nach einem Besuch am 7. Mai 1908. *Artibus Asiae* 1. 1925/26, pp. 262‐279.

肯定①，尽管也存在一些批评的声音。

　《中国营造学社汇刊》转译的外国学者的文章中，有论及鲍希曼

------

① 《中国建筑艺术与宗教文化》三卷系列之一《普陀山》发表之后发表的书评有：*Ostasiatische Zeitschrift* 1. 1912/13, pp. 104–105 (William Cohn)；*Mitteilungen des Seminars für Orientalische Sprachen* I. Abt.：Ostasiatische Studien 15. 1912, pp. 206–209 (Alfred Forke)；*L'année sociologique* 12. 1913, pp. 243–247 (Marcel Mauss)；*T'oung Pao* 12. 1911, pp. 755–757 (Emmanuel-èdouard Chavannes)；*Zeitschrift für Ethnologie* 1913, pp. 188–189 (Messing)；*Literarisches Zentralblatt* 63. 1912, pp. 938–940 (Otto Franke)；*Burlington Magazine* 22. 1912：p. 117, 171 (E. D.)；*Journal of the North-China Branch of the Royal Asiatic Society*, Vol. XLIV, pp. 23–199. (Reginald Fleming Johnston)。《祠堂》书评有：*Ostasiatische Zeitschrift* 7. 1918, pp. 141–143 (M. Kutschman)；*Bulletin de l'Ecole française d' Extrême-Orient* 14. 1914：9, pp. 68–72 (L. Aurousseau)；*Mitteilungen des Seminars für Orientalische Sprachen*. I. Abt.：*Ostasiatische Studien* 18. 1915, pp. 298–299 (Alfred. Forke)；*Anthropos* 9. 1914, p. 686 (P. F. Hestermann)；*London & China Express* 19. 6. 1914；*Literarisches Zentralblatt* 1916, pp. 607–608. (Otto Franke)。《中国建筑艺术与景观》的书评：*Cicerone* 15. 1923, p. 1052 (Biermann)；*Jahrbuch der asiatischen Kunst* 1. 1924, pp. 252–254 (K. With)；*Ostasiatische Rundschau* 8. 1927, p. 164 (Hs.)；*Orientalistische Literaturzeitung* No. 1. 1924, pp. 43–45 (O. Franke)；*Ostasiatische Zeitschrift NF* 1. 1924, pp. 169–170 (E. Haenisch)；*Ostasiatische Zeitschrift* NF 7. 1931, pp. 36–37 (W. Cohn)；*Sinica* 3. 1928, pp. 171–174 (V. C[ontag])；*Zeitschrift für Buddhismus* 5. 1923/24, pp. 285–286 (Bachhofer)；*Deutsche Literaturzeitung*, pp. 904–908 (F. M. Trautz)；*T'oung Pao Second Series* Vol. 23, No. 1, 1924, pp. 46–48 (P. Pelliot)；*Ostasiatische Rundschau* 5. 1924, p. 10 (A. Forke)；*Anthropos*, Bd. 18/19, H. 4./6. 1923/1924, pp. 1101–1102 (P. Dam. Kreichgauer)；*The Chinese Recorder*, Vol. LV. No. 6, 6. 1924 (T. Fisher Unwin)。《中国建筑》(两卷本) 的回应：*Artibus Asiae* Vol. 3. No. 2/3. 1928/29, pp. 178–179 (Alfred Salmony)；*Ostasiatische Zeitschrift*. NF 4. 1927/28, pp. 207–209 (O. Kümmel)；*Sinica* 3. 1928, p. 171 (V. C[ontag])；Hist. Jahrbuch 46. 1926：2. (Aufhauser)；*Deutsche Literaturzeitung* 47. 1926, pp. 616–619 (O. Franke)；*Orientalistische Literaturzeitung* 1926, No. 8, pp. 608–610 (E. Hauer)。《中国建筑陶器》的评论可见：*Mitteilungen des Seminars für Orientalische Sprachen*. 1. Abt.：Ostasiatische Studien 32. 1929, p. 230 (Lessing)；*Ostasiatische Rundschau* 8. 1927, 78 (Linde)；*Orientalistische*：*Literaturzeitung* 1927, No. 10. pp. 896–898 (A. Breuer)；*Ostasiatische Zeitschrift NF* 4. 1927/28, pp. 162–164 (E. Bischoff)；Sinica 7. 1932, p. 253 (E. Rousselle)；*Deutsche Literaturzeitung* 1932, pp. 1460–1465 (B. Melchers)；Ostasiatische Zeitschrift. NF. 8. 1932, pp. 314–316 (O. Kümmel)；*Orientalistische Literaturzeitung* 1933, pp. 264–265 (F. Oelmann)；*Revue des arts asiatiques* 7. 1931/32, pp. 248–249 (J. Buhot)；*Vossische Zeitung* 27. 3. 1932 (G. Wegener：Boerschmanns Pagodenwerk)；*Die Bauwelt* 26. 5. 1932 (Paulsen)；*Berliner Börsen-Kurier* 22. 5. 1932；*Deutsche Allgemeine Zeitung*, *Unterhaltungsblatt* 6. 3. 1932 (Ernst Tiessen) 1932, 8, S. 25–27 (E. von Zach)；*China Journal* 1932；*Zeitschrift für Missionskunde und Religionswissenschaft* 1932：10. (Devaranne)；*Deutsche Bauhütte* 1932：22. (Wi.)；*Frankfurter Zeitung* 4. 12. 1932, pp. 226–227 (E. Michelsen)；*Nachrichten der Gesellschaft für Natur-und Völkerkunde Ostasiens* 34. 1934, pp. 44–46 (F. M. Trautz)；*Bulletin of the School of Oriental Studies* Vol. 6. No. 4 1932, pp. 1087–1091 (R. F. Johnston)。

的章节和片段：英国叶慈（W. Perceval Yetts，1878—1957）在《论中国建筑》中，对西方中国建筑研究的历史稍作回顾之后指出，"能将本题提纲挈领、总括评论，首推德国之白希曼博士（Dr. Ernst Boerschmann）"。接下来，介绍了鲍希曼中国建筑考察、研究和出版情况，并且对涉及的诸多问题，如中国宝塔、曲线屋顶等进行了讨论和评述，尽管在他看来鲍希曼忽略了对桥梁的研究，这是一个遗憾①。在戴密微（P. Demiéville，1894—1979）《评宋李明仲〈营造法式〉》一文中，戴氏在论述西方对中国营造艺术之研究中，列述"至于蒲色孟（Boerschmann）之佳著（此处'蒲色孟'即鲍希曼，所提及佳著，即《普陀山》与《祠堂》），……详于古历史宗教，而营造法则鲜研究也"②。

　　事实上，作为最早全面系统考察和研究中国的西方学者，鲍希曼不仅积极利用此前西方的各种研究成果，还与同时代西方、日本以及中国研究中国古代建筑的同仁一直保持着密切的交流和互动。中国营造学社成立不久的 1932 年，鲍希曼便成为中国营造学社会员，当年 3 月《中国营造学社汇刊》"本期社员之介绍"述有："德国柏世曼博士（Dr. E. Boerschmann）由中国驻柏林代办公使梁龙君公函介绍，经本社聘为通函研究员。来函从略"。鲍希曼还向营造学社赠送了书刊——在"本社收到寄赠图书目录"中载："德国鲍斯曼君：《大燕洲杂志》、《中国建筑》、《天龙山石窟》、《中国建筑雕饰》、《中国宝塔》（上卷）。"而在 1931 年 11 月营造学社"本社记事"之"十九年度中国营造学社事业进展实况报告（附英文）"的（甲）事项第一项"译印欧美关于研究中国营造之论著"，列举书目中第（9）条为："隋代及唐初之塔，栢世曼著　刘式训译（译成待印）【Pagoden lea Sui-ung früben

———
① W. Perceval Yetts: Writings on Chinese Architecture,（Reprint from the *Burlington Magazine*，March，1927.），见《中国营造学社汇刊》第一卷第一册，1930 年 7 月。
② 《中国营造学社汇刊》，第二卷第二册，1931 年 9 月。

Tangzeit Bon Csuft Boerschmann（译成待印）】①"。1932 年第三卷第一期"本社记事"第（九）条论及翻译书籍情况："年来文献组所译东西文关于中国营造之论著，已译成者凡十种，录列如左，将自本期起，择其最有价值者，在本刊陆续发表"，其中（三）为"《中国宝塔》，鲍世曼著，艾克，瞿兑之，叶公超节译。（以上德文）"。在鲍希曼第三次考察行程中也已提及，在 1934 年 2 月他也曾到北京拜访了营造学社，与梁、刘会面。

　　《中国营造学社汇刊》中论及鲍希曼对中国建筑研究的内容非常有限，除了西方学者论列或简要评述，多为事务性记录，涉及具体学术问题的探讨相对较少。据费慰梅（Wilma C. Fairbank，1909—2002）女士为梁思成《图像中国建筑史》英文本撰写的序言《梁思成传略》，可以知道，梁思成对于以喜龙仁和鲍希曼为代表的"第一批专谈中国建筑的比较严肃的著作在西方问世"颇有些失望，曾指出"他们都不了解中国建筑的'文法'；他们对中国建筑的描述都是一知半解。在两个人之中，喜龙仁较好。他尽管粗心大意，但还是利用了新发现的《营造法式》一书"②。尽管此段看法为费慰梅的转述，但是总体态度大约是可以相信的。其重要的评价"尺度"关键在于他们是否利用了《营造法式》一书，进一步而言，即是否从中国架构的结构理性来认知中国建筑③。

　　以上材料的简单梳理，似乎可以得出一个"印象"，与在西方中国

---

① 刊印标题德文存在严重拼写错误，应为：Pagoden der Sui-und frühren T'angzeit von Ernst Boerschmann。

② 梁思成：《梁思成全集》（第八卷），北京：中国建筑工业出版社，2001 年，第 5 页。

③ 1926 年 6 月 23 日鲍希曼在给艾克（Gustav Ecke, 1896—1971）的一封信件中提到自己前几天刚从上海的德国璧恒洋行书商 Max Nössler 处获得宋《营造法式》一书。参阅："*Und der Sumeru meines Dankes würde wachsen*"：*Beiträge zur ostasiatischen Kunstgeschichte in Deutschland（1896-1932）*，Wiesbaden: Harrassowitz, 2010, p.104.

建筑、欧洲汉学和艺术史领域的影响相比，鲍希曼在中国似乎被"冷落"了。如果确实如此，这种冷落是因为不了解和不理解，还是因为"道不同"？

关于这个问题，文化研究学者，也是鲍希曼中文本的翻译者沈弘指出，这乃由"建筑史研究领域过度强烈的'文化认同'意识导致"，其后果就是"对国外有价值的研究成果的遮蔽"①，这种民族主义话语的诉求使得鲍希曼在当时，甚至延续至今都没有能得到应有的重视。而来自建筑史研究界的学者王贵祥则认为，这种冷落背后的深层原因在于，双方在中国建筑研究上基本意趣和方法的差别，"历史的"与"非历史的"②。

或许要真正解释这一问题，最为基础的是厘清鲍希曼中国建筑考察和研究的诸多面相，建立可靠的知识理解，而非依据二手文献，择拈只言片语，揣度立论。进而弄清楚：在早期中国建筑研究的学者那里，他们关于鲍希曼的认识是否全面可靠？在这一基础上，这种冷落是否真的存在③？如果确实存在，原因是什么？从这个问题延伸开来，可以继续思考一个问题，既然中国古代建筑研究在一个跨文化和跨学科的母体环境中孕育而生，而缘何在深宅大院之中成长？

---

① 沈弘：《试论中国学术界在"文化认同"上的狭隘性——以德国建筑师恩斯特·柏石曼为个案》，收录于刘海平主编：《文化自觉与文化认同：东亚视角》，上海教育出版社 2008 年。

② 王贵祥：《非历史的与历史的：鲍希曼的被冷落与梁思成的早期学术思想》，《建筑师》2011 年第 2 期。

③ 1934 年 3 月 3 日，梁思成在《大公报》第 12 版，《文艺副刊》第 64 期，发表了《读乐嘉藻〈中国建筑史〉辟谬》一文，层层批驳后言：总而言之，此书的著者，既不知建筑，又不知史，著成多篇无系统的散文，而名之曰"建筑史"。假若其书名为"某某建筑笔记"，或"某某建筑论文集"，则无论他说什么，也与任何人无关。但是正在这东西许多学者，如伊东，关野，鲍希曼等人，正竭其毕生精力来研究中国建筑的时候，国内多少新起的建筑师正在建造"国式"建筑的时候，忽然出现了这样一部东西，至自标为"中国建筑'史'"，诚如先生自己所虑，"招外人之讥笑"，所以不能不说这一篇话。其中，梁将伊东忠太、关野贞和鲍希曼等人并举，并且提及"正竭其毕生精力来研究中国建筑"，暂且抛开梁思成对"中国建筑史"的使命意识和对乐氏《中国建筑史》的讥讽，竞争意识和紧迫感也是显而易见的。

　　而今，斯人已作古，时代亦已变迁。鲍希曼的影响和贡献在他同时代和后代人的著作中得到延续①，在越来越多的著作和论文中被提及，然而其具体图景却依然模糊不清。令人感到欣慰的是，已经有一些努力，试图在一个更为广阔的图景下，打开我们走近他的各种路径。以爱德华·克格尔（Eduard Kögel）为主要成员的柏林工业大学的研究团队，在跨文化的背景下，探讨鲍希曼的学术价值。2011 年 1 月，克格尔组织了一场主题为"鲍希曼与早期中国传统建筑"（Ernst Boerschmann and Early Research in Traditional Chinese Architecture）的国际讨论会，此次会议集结了来自汉学、建筑史和艺术史等领域的十多位学者。克格尔本人的研究，将鲍希曼置入德语世界中国古代建筑和城市规划研究的语境，在《早期德语世界中国古代建筑研究》②和《鲍希曼研究视域中的中国城市——从宗教地缘布局到功能区划》③两篇文章中揭示鲍希曼在西方中国建筑研究史上的地位和价值，且从城市规划角度总结鲍希曼早年思想对今日建筑文化遗产保护的意义；专著《盛大的记录：鲍希曼与中国宗教建筑，1906—1931》④一书对鲍希曼 1931 年之前的中国建筑考察和研究进行了详细的梳理，同时将鲍希曼第三次考察中国时对珠三角地区的勘察编撰辑集，出版了《香港、澳门和广州》一书⑤。以上这些学术工

---

① 赖德霖：《鲍希曼对中国近代建筑之影响试论》，《建筑学报》2011 年第 5 期，第 94—99 页。亦见：赖德霖：《走进建筑，走进建筑史》，上海：上海人民出版社，2012 年，第 188—201 页。

② Eduard Kögel: Early German Research in Ancient Chinese Architecture(1900 - 1930), Katja Levy (Hg.) *Deutsch-chinesische Beziehungen*, Berliner Chinahefte/Chinese History and Society, 2011, No. 39, pp. 81 - 91.

③ Eduard Kögel: Die Chinesische Stadt im Spiegel von Ernst Boerschmanns Forschung: Von der Religionsgeografischen Verortung zur funktionen Geliederung, Forumstadt 4/2011.

④ Eduard Kögel: *The Grand Documentation: Ernst Boerschmann and Chinese Religious Architecture (1906 - 1931)*, Berlin/Boston: De Gruyter, 2015.

⑤ Ernst Boerschmann: *Hongkong*, *Macau und Kanton*: *Eine Forschungsreise im Perlfluss-Delta 1933*, Eduard Kögel(Vorwort), Berlin/Boston: De Gruyter, 2015.

作，或许可以看作是一个开始，那就是将沉积在历史之中的图景慢慢
呈现出来。

四、结语：走向开放的中国建筑研究

中国古代建筑研究成为专业研究领域，是近代"西学东渐"刺激
下的产物。其开端和推进，都保持着与西方中国建筑研究之间的沟
通与竞争。近代西方学者撰写的"世界建筑史"类著作中，弗莱彻父
子（Banister Fletcher，1833—1899；1866—1953）的《世界建筑史》影
响大且深。他们将西方建筑之外的东方建筑称为"非历史性风格"
（the Non-Historical Styles），放置在"建筑树"（Architecture Tree）的
枝干上。日本学者出于民族主义的诉求，首先对这种做法提出质疑，
并开始寻找东方建筑的"历史"，即西方建筑史观中的"结构的历史演
变"。日本学者将这种演变的历史一直追溯到中国传统建筑中。伊
东忠太、关野贞等学者，便开始以建筑样式（Plan、Elevation、Bracket
Sets、Ornaments 等）为调查中心，以样式（Order）的演变为依据撰写
建筑史。20 世纪 30 年代中国营造学社成立，成为中国研究古代建筑
的核心力量。他们在日本学者中国建筑研究的基础上，深入挖掘建
筑的两本文法书：《营造法式》和《清代工程作法》，确立了中国古代
建筑鉴定和研究的正统：结构优先，次辅以文献，再参证以细部装
饰、雕刻、彩画、瓦饰等。今天，这一研究方法成为高等教育和研究中
具有统治地位的方法，其他的探讨方式则被视为不懂中国建筑的门
外汉的兴趣而已。

然而，建筑是一种综合性的艺术，营造技艺、实用性、美学观念、
各种艺术门类、文化生活的历史沉淀等等，以某种甚至让人不可思议
的方式在建筑之中融合为一个有机体。这也决定了建筑研究的可能

性有很多不同面相。如果对中国建筑研究的各个向度都能更加开放，那么，对中国建筑的理解必然会更加多样而丰富。亦正是在这样的视域中，鲍希曼中国建筑研究的意义和价值方能向我们开显。

插图说明

图 1　鲍希曼，颜复礼：《鲍希曼》，1950。

图 2　北京西山碧云寺五百罗汉堂，《中国建筑》，1925。

图 3　《中国宝塔 I》插图，《中国宝塔 I》，1931。

图 4　《中国宝塔 II》封面，《中国宝塔 II》，2016。

图 5　《中国建筑艺术与景观》套封，《中国建筑艺术与景观》，1923。

图 6　纽约多佛版《旧中国：历史照片系列》书封，*Old China：in Historic Photographs*，288 *Views by Ernst Boerschmann*．With a New Introduction by Wan‑go Weng［翁万戈］，1982。

一、中国建筑艺术与宗教文化

编者按：《中国建筑艺术与宗教文化》三卷本，完成于鲍希曼 1906—1909 年中国建筑考察之后。主旨在于讨论中国建筑艺术与宗教文化之间的关系：第一卷《普陀山》出版于 1911 年，以单体建筑为个案基础，对于普陀山的佛教寺庙群做了整体研究；第二卷《祠堂》，探讨了中国不同时期、不同地域的"纪念性庙堂建筑"；第三卷《宝塔》的第一部分出版于 1931 年，第二部分完成于 1933—1935 年建筑考察之后的 1942 年，由于当时的历史条件，很可惜第二部分在作者有生之年未能出版，2016 年由德国文献目录学者魏汉茂整理出版。三卷卷首都有《导言》，对研究的背景、研究对象、研究方法、成书过程等进行了细致的阐述，由此可从整体上了解鲍希曼中国建筑艺术考察和研究的诸多面相。

I. 《普陀山·导论》(1911)

1. 研究缘起

从 1906 年到 1909 年，我在中国走南闯北，从事考察和研究工作,本卷可作为此项研究的第一个成果。它尝试着去开辟一个新领域,即借由古代建筑来阐明中国文化。

结合中国文化,有计划地对中国建筑艺术进行研究,做出基本的描述和解释,这一想法之所以能付诸实践,首先得归功于两位先生。本书会详细说到他们的贡献,不过我还是想在这里先介绍他们的名字,表达谢意,即约瑟夫·达尔曼①和巴赫曼。达尔曼是一位学者,在印度和东亚宗教研究方面做出了诸多贡献。巴赫曼博士是国会的议员,过去十年来德国出版的大量文化著作都得益于他的资助。

中国建筑艺术研究,作为文化学的一个新分支,即便对于将来也是极为重要的。如果更加仔细考究一番我此前研究得以形成和顺利进展的一些有利条件,这项研究的重要性也就自然显现出来了。

研究中国建筑艺术这一想法,如果在最深刻的意义上得到理解,那么大约恰恰是我们这个时代,有着不可推卸的责任去实践它。

19 世纪末,是技术进步和交通往来的第一个世纪,所有民族都在世界政治格局中竞相角逐。远东,尤其是中国,在这一进程中扮演着越来越重要的角色。1900 年,恰逢世纪之交,发生了一件具有世界历史意义的事件。世界所有大国的军队在中国北部联合起来,发动了针对中国人的战争。那些战争行为本身没有什么意义,但这

---

① 译注:约瑟夫·达尔曼(P. Joseph Dahlmann S. J, 1861—1930),1878 年 9 月 30 日加入耶稣会,先后在荷兰 Valkenburg 的 Ignatiuskolleg 和英国 Shropshire 的 Jesuiten-Collegium Ditton-Hall 学习天主教神学和哲学,主攻语文学和比较语言学。1891—1893 年在维也纳大学学习东方学,且进一步深入学习梵语。1893 到 1900 年在柏林大学深造,专业是印度考古学和中国文学,获得博士学位。1902—1905 年他参与了中国和印度的研究考察。按照 Papst Pius X 的意愿,他成为耶稣会士派往日本的首位传教士。1908 年 10 月 18 日,抵达横滨。1913 年他参与创立了东京的天主教私立大学,即上智大学,也就是今天的索菲亚大学(Sophia-universität),担任德国语言文学和印度哲学课程讲习工作。从 1914 年到 1921 年担任东京帝国大学教授,教授德语语言文学和古希腊语。

场战争之后在世界历史上所造成的政治影响是空前的。中国被迫参与到世界政治和经济生活中来，并直到今天都自愿和理性地参与下去。但是需要思考的是这样一种情形，就是那时世界被分为两个阵营：这头是中国，另外一头是其他所有的国家。由此可以这么说：从消极的方面而言，中国文化与我们有着根本上的差别；但从积极方面而言，她可以凭借其独特性、独立性和影响力，与整个外部世界分庭抗礼。战争关系、经济关系始终与学术研究相生相伴，有鉴于此，当今，我们同像中国这样高度发展的文明有着紧密联系，就必须去发展新的学术观念，研究艺术的新领域，开辟科学研究的新领域。

我想说的是，世界历史的语境或许就是我们着手研究中国建筑的内在原因。

开始着手中国建筑研究的外部动因，与1900年世界历史性的事件有着紧密关联。战争爆发的1900年，也是我研究的诞生之年。

我们西方的占领部队在直隶省的强大势力延续了好些年。1902年，我有幸作为建筑官员，被派往德国的驻扎部队。1902—1904的这两年，即我在中国的第一次驻留期间，我萌发了有计划去研究中国古建筑的念头。中国建筑的结构和形式特征，艺术性的完美与感官上深刻的互相融合，给我留下了深刻的印象。那次我还对北京西山碧云寺的许多建筑部件进行了测绘。研究中国古建筑的这个想法，起初大体上只是一个轮廓，而具有决定性意义的，应该说是一次非同寻常的会面。1903年10月，我在北京执行长期任务，在那里的军官俱乐部，结识了传教士达尔曼，那时他正进行着一个为期三年的东亚研究考察。我们一见如故，都对伟大的中国文化充满兴趣，并且一致认为，有必要从各个可能的角度更深入地进行中国文化的研究，尤其要立足于建筑艺术的基础研究，特别是宗教建筑。1904年8月，正值我启程回国,在上海的徐家汇和达尔曼进行了第二次见面会谈,通过这次会谈,研究范围有了更加清晰的轮廓。我们见面所在的徐家汇,耶稣会士 1607 年在那里建立了教区,并一直持续存在。1847 年以来,它成为耶稣会传教的重要中心,也是耶稣会传教士们学术工作的中心。甚至李希霍芬男爵也对这些工作大加赞赏。徐家汇和北京成为我研究的两个肇始点,这或许可以解释为一个好兆头,因为这两个地点都有结合宗教目的对中国进行科学研究的历史传统。17 世纪北京顺治和康熙皇帝的宫廷,几乎成为欧洲人包括德国人的学术苗圃,在这其中扮演重要角色的正是耶稣会传教士:汤若望(Johann Adam Schall von Bell,1592—1666)①、南怀仁(Ferdinand Verbiest,1623—1688)②、徐日昇(Thomas Pereira,1645—1708)③、纪里安(Bernard Kilain Stumpf,1655—1720)④和戴进贤(Ignatius Kögler,1680—1746)⑤等人。所有研究中国的人瞻仰这些耶稣会士的墓地时大概都会心生崇敬。他们就长眠在北京"内城"西门前静谧的墓园中。

感谢达尔曼几次三番的美言,巴赫曼先生把这次的机会牢牢地抓住了。他知道当今外交部的秘书长李希霍芬,在 1905 年 3 月 17 号的会议,以及国会中,表达了对中国建筑进行研究的兴趣。这个想法,也得到其他一些机构,尤其是普鲁士文化部的赞赏和支持。

———

① 译注:汤若望,Johann Adam Schall von Bell,1592—1666,天主教耶稣会修士、神父、学者。在中国生活 47 年,历经明、清两个朝代。著有《主制群征》《主教缘起》等宗教著述。

② 译注:南怀仁,Ferdinand Verbiest,1623—1688,1641 年 9 月 29 日入耶稣会,1658 年来华,是清初最有影响的来华传教士之一,著有《康熙永年历法》《坤舆图说》《西方要记》。

③ 译注:徐日昇,Thomas Pereira,1645—1708,耶稣会传教士,1663 年,入耶稣会。清康熙十一年(1672),抵澳门。著有《南先生行述》一卷(1688 年印行);《律吕正义》五卷(1713 年北京印行),一至四卷为康熙帝敕纂,第五卷为徐氏与意大利传教士德理格(T. Pedrini)所作。

④ 译注:纪里安,Bernard Kilain Stumpf,1655—1720,德国耶稣会士传教士,1694 年 7 月来华,1711—1720 年在钦天监负责"治理历法"。

⑤ 译注:戴进贤,Ignatius Kögler,1680—1746,耶稣会来华传教士,1716 年(康熙 55 年)来到中国,被康熙皇帝任命为钦天监监正,1731 年为清廷礼部侍郎。在中国供职 29 年之久。

研究经费由国家政府财政承担。1906 年 8 月，完成了一些必需的准备之后，我踏上了旅程。我被派到普鲁士驻北京办事处，获得了很多官方机构给予的方便，并享有一个公职。这个职位使我前往中国内陆的旅行省去了很多不必要的麻烦。1909 年 7 月回国之后，我在更广泛的基础上开始研究写作，一如既往地得到了资助。作为建筑官员，我所任职的普鲁士国防部，在整个期间都准予了我假期，让我从事手头这项特殊的任务。普鲁士的高层机构，还有那些没有提及名姓的先生们，正因为有了他们的帮助，我的研究才得以可能进行，在此我想致以最深沉和最热诚的谢意。

高贵的普鲁士国王给予我恩赐，准予从国家最高级别的相关基金中资助我出版著作。

2. 中国建筑艺术研究

1905 年 2 月，为了申请研究资助，我曾撰写过一份申请报告。现在将此文稍作删减，用以阐明中国建筑研究的范围和意义。虽然此文在研究目标上还需要有所拓展，但从中已经可以看出中国建筑研究所肩负的任务所在。报告如下：

今天，我们与中国有着紧密而繁荣的经济关系，因此，大家或许都会赞同，有必要尽可能地去获得有关远东的确切知识，去了解他们的风土人情、风俗习惯和志趣。对像中国这样自成一体的文化图景，尤其应该去了解。这些知识能够帮助我们：理解中国人的交往方式，客观公正地认识他们的独特之处；弄清我们国家的商品可以怎样填补他们的市场需求；了解我们能从这片广袤土地上学到什么长处。考虑到欧洲与中国的经济关系还很年轻，掌握这些知识——包括理论性、学术性的知识，也就显得更加紧迫了。

也不乏像夏德①教授这样一些人，虽是从文化史和学术研究的角度出发，但同时也会强调，用之于实践，用之于当下。现有的研究中国的文献有些是基于个人印象式观察，而非依据原始材料而写成的，只是大体上适用于了解风土人情。除了这类文献之外，也有一些重要的著作——可惜德语的很少，在学术研究部分之外，也直接关注当下现实层面。

少数一些没什么谬误的文章，从个案研究出发，几乎已是既正确又充分地对中国文化从整体上进行了描绘。但除此之外想要从整体上对中国文化进行描述，是极其困难的。原因我们可以直白地说出来：一个人通常要么只是语言方面的专家，要么只是特定经济领域和艺术领域中的专家。每一个学科本身就包罗万象，足以耗尽研究者一生的精力。完全彻底掌握汉语，几乎是不可能的事情；而涉足一个专门的研究领域，若是离开必备的语言知识，工作也是非常难开展的。因此，真正语言学意义上的汉学家与其他专业领域的专家，始终都要携手共进。

但存在这样一个领域，其研究虽然也是困难重重，但几乎可以站在语言研究和专业研究难以兼长的矛盾之外。这个领域已经可以以其相对微小的研究成果，为中国文化的一个博大精深的部分提供一幅自成一体、不容置喙的画卷。这就是中国古代建筑艺术的研究。时代与民众的精神都蕴含在建筑之中。虽然这种精神对那些仅从表面上看看，大体上瞧瞧的人，是不会显现的；但那些拥有特定知识，开始第一手研究古代建筑艺术的人，会越来越多地体会到其

---

① 译注：夏德，Friedrich Hirth，1845—1927。德裔美国汉学家。1870 年（同治八年）来华，在厦门海关任职，研究中外交通历史和中国古代历史，旁及中国文字、艺术、工艺及家猫。1911年与美国汉学家柔克义合作将宋代赵汝适所著《诸蕃志》翻译成英语。著作颇丰，可参阅：http://de.wikipedia.org/wiki/Friedrich_Hirth_（Sinologe）。

中的深意。

我们首先撇开那些来自纯粹形式构造和建筑史层面的奥秘本身。中国建筑引人入胜，且数量庞大，风格多样，尚待通过研究来揭开这些面纱。我们可以先想想，人们今天已多么清楚地意识到了，一个民族和她的思想的关系——不仅仅是宗教思想——大多是通过建筑获得的，即通过人如何在住宅、教堂、寺庙和其他适用于人的需求、习惯和观念的建筑设施中的生活而折射出来。譬如说，在德国人们可以去阅读大量关于农舍和教堂的著述，还有许许多多与此相关的百科全书，就可以发现这一点。因此可以说，无论对于中国文化的任何领域，如对灭佛运动的解释，若想要拿出一个有建设性的处理方法，就必须整理和使用大量丰富的材料——不仅要获取纯粹历史和哲学的文献资料，同时还要记录下蕴藏在住宅和寺庙的平面图和结构图中的信息，可以说这是一个民族感知，尤其是信仰形式的核心体现。

这些材料应该是我们所能检验到的最确凿无疑的材料。不过我们必须仔细地从文献、历史和所有学科的书籍中筛选，从相互矛盾的观点中辨明，从各种粉饰过的当地传说和个人叙写中提炼，才能获得货真价实的内容。就古代建筑而论，就算是通过测绘图、图片、描述都清楚明了地对它们进行有序整理摆在面前，要下一个恰当的论断还是很困难的。如果暂时无法作出论断，那么就先把收集的材料保存下来，它就像建筑物本身一样坚实稳固，可以为将来一些看法的革新和改进提供可靠的基础。

这项工作，在目前情形下，还可为文化史学者和国民经济学家们的研究提供牢靠基础，尽管这只是这项工作的一个副产品而已。而其核心主旨还是完全熟悉和了解建筑史，建筑的装饰史和艺术史，以及中国建筑艺术在建造方面的特有技巧。

在那些马马虎虎的门外汉眼中，丰富多彩的中国建筑可称得上怪异,实质上千篇一律,让人困倦厌烦,打不起精神来。但在内行看来,这些建筑展现了一个民族在一千多年的发展中,登上文化繁荣的顶峰,所带来的成果无他,必定是伟大的美学上的精致以及稳固的建筑感知。

中国建筑在漫长的发展过程中,不断接受着外来的主题,同时本土的思想、观念和令人瞩目的艺术创造力得到持续发展,从中提炼出了一种纯正的风格类型,其变化也只是一些变种形式,就像南北差异自然而然显现出来的那样。欧洲艺术史尤为感兴趣的是,越过希腊、小亚细亚、亚述、印度和西藏,寻找远东地区与欧洲在某个时期的精神联系,因为历史上几乎没有黄种人的足迹到达过地中海文化圈的记录。逐渐地人们尤其在佛教的建筑中,发现了完全可能源自希腊的母题,以及熟悉的柱式、建造理念和装饰。它们和中国传统的、偏好自然主义的建筑形式之间产生了引人入胜的结合。如果新近在希腊、叙利亚、美索不达米亚和埃及的考古发现,以及对印度、日本和中国一些历史遗迹的了解,能一起为艺术尚未为人所知的史前时代及其发展规律投下一束亮光;那么,艺术观念从西方向东方的传播显然能够更简单地得到阐明,艺术史和整个文化史都会从中获得教益。

庞大帝国的领土范围,始终对应着庞大的研究领域,与之相应的是从事研究所要面临的困难。为了对研究对象的范围和丰富性进行界定,接下来首先会将不同风格的建筑形态进行归类。所有这些建筑形态都值得成为一个当下的课题,作进一步研究。必须注意的是这里仅仅介绍了直隶和山东两省的情况,而南方地区的建筑还有更多的营造理念和营造方式,建筑形式本身在风格上的变化相对应每个省当地气候和风土人情也会有所不同。

研究会涉及平民百姓的房舍,富商们的阔居,文士阶层的雅室,官员的府邸以及皇亲贵族们的豪宅。其中,官员和皇亲贵族们的宅邸常设有很多办公的房间，建造也分外考究和复杂。接下来就是皇家宫殿，如北京的紫禁城，南京和西安的古都城宫殿，只要是存在或者是可修复的，都会成为研究对象。此外，还有北京富丽堂皇的颐和园，以及林林总总的皇家避暑胜地、狩猎场和浴池。这些皇家建筑无论是营建还是扩建，都极具精致的审美品位，只可惜现在很多都倒塌废弃了。

在商业建筑中则涉及公共澡堂、大大小小的商店、当铺、砖瓦厂、碾磨房、手工作坊、造纸坊一类的工厂建筑、粮仓等等。中国人在他们独具特色的戏院建筑中满足交际娱乐的需求，他们热衷于逛茶室、饭店。这类建筑常常和装饰极美的园林连在一起，在城市，在整个国家建有很多的楼台亭榭，供造访者登临远眺或凭栏寄思。跟我们一样，在中国的大城市中，来自同一个省市的同仁们，常常会成立同乡会，建造有大厅和饭店的乡会建筑。一些名流还会建造自己的议事厅和会所。

书院和试院的研究也自成一个独立和丰富的分支。陵墓在中国属于高规格的建筑，当然那些遍布广袤国土的平民墓葬不在其列。但是奢华的私人墓葬乃至从古到今的帝王陵寝，都有神道、灵堂、宝塔，通常占地规模大，且建筑上按照严格礼制进行营造，无疑是最高贵、最和谐的建筑艺术了。陵寝对寺庙产生了重要影响，而寺庙在历史的发展过程中逐渐形成了形态各异的风格。小到为某个神灵建造的小庙，其形制不断增长，最终表现为规模庞大的天坛和地坛。道观、佛寺、喇嘛庙、文庙以及清真寺，这些寺庙之间差异也非常之大。还有不计其数的为某一特定目的而设计建筑类型，如朝圣寺、石窟等等之类。对寺庙的考察也附带了周围的男女信徒的住所（和尚庙和尼姑庵），这类建筑同时存在于佛教、喇嘛教和道教中，甚至在中国原始观念中也不陌生。

纯粹的艺术建筑类型包括那些用木头、石头或者青铜建造的牌楼、印度风格或中国风格的佛塔、门,城墙和其他墙体以及各种装饰性建筑。它们数量庞大,风格各异,遍布于城市和乡村。相关的章节会由这些城市建筑、文人士大夫的园林艺术,以及工程建筑如运河、治河工程、道路和桥梁建筑等等组成。

对中国建筑物的研究,只有对中国建筑特质有了一定的理解,对总是伴随建筑物出现的细微装饰和宏伟雕塑有了一定的理解,才能阐明中国建筑的艺术价值和发展历程。更进一步来说,只有我们对中国建筑材料、营造技艺和从上至完成的建筑物下至个体建筑工匠的整个建筑行业都能有所认知,对中国营造中值得称誉的价值都有所理解以后,才能理所当然地说,我们已经通过研究中国建筑艺术这一重要且丰富的领域,对中华民族的了解有了质的提高。

首要的是,竭尽可能精确地对单体建筑进行测绘,摒除错误。因此首先应该绘制几何图像,尤其是平面图,附带上所有的细部特征和艺术关联;其次要通过立绘和照片保留视觉形象。

这一重大的研究项目,若想获得某种程度上创造性的进展,肯定是需要几代人的不懈努力。目前,这方面的所有准备工作都还尚未就绪。最理想的状况是,始终能有几位建筑师,几位有专业艺术鉴赏力的人来从事于此,为之投入大量的工作,或者最好是终其一生地投入到这项研究中去。然而这不单是一个纯粹的兴趣爱好,熟识中国民众和汉语的问题,还有非常突出的资金问题。现在要想启动中国建筑艺术的这项专业研究,必须清醒知晓,当前从根本上能做的工作,还只是为这项研究大厦收集一些建筑基石,为后来的研究者奠定一个牢靠的基础。大量的研究材料必须进行整理,把那些无甚相关的材料剔除出去,留下那些有意义的材料,为后面进一步的工作作铺垫。为了更可靠地去粗取精,必须先了解那些不言而喻拥有重要地位的建筑,这些首先会作为专题讨论。我们可以通过那些最古老、简单的对战神、天神、地神等等的祭坛得到一个对寺庙的初步理解。通过这种祭坛也能阐释最简单形式的中国原始自然宗教和祖先崇拜，即使规模扩展到北京天坛之类宏大的体量也是一样。天坛建筑中存在一些外来成分，风格上呈现出来的混杂性，部分是来源于纯粹的道观，部分来源于佛寺，还有部分来源于变体的喇嘛庙。

我们可以明显看到，仅仅在北京及周边地区就有如此多寺庙可供研究。所以我们有充分理由当前把基础的工作限定在这个区域内。不过之后还需要把掌握的知识纵深推进，推广到那些极其有名的、天生占有重要地位的中原地带及南方地区的庙宇上。惟其如此，我们对中国人宗教观念史的历史知识和理解，才可能获得长足的进步。相类的推论照样也适合其他的领域，如民居建筑、文娱和科教建筑，等等。由此，处处可以洞见，有关居住者生活和观念的新结论，且有效可靠。总而言之，中国建筑研究，是一块广袤肥沃的土地，研究者以爱心、兴趣和耐心耕耘，便会获得丰富的收获。

我们只要问这样一个问题：在如此重要的专业领域，业已取得了怎样的成绩？回答肯定让人感到惭愧不安，那就是：毫无成绩可言，说得严谨一点，就是几乎没有什么成绩可言。在中国艺术的研究中，陶瓷，青铜器，绘画，以及一些小工艺品，已有专著存在。这类研究便于足不出户，以及在欧洲本土展开，只要手头有一些材料就行。然而，研究建筑则不同，需要投入全部的精力，且孜孜不倦关注建筑古迹本身，所以对于那些业余研究者而言，建筑向来就是难以接近的领域。那些熟识远东且接受过艺术教育的工程师，为数甚少，他们需要专注自身的工作，没有多少闲情逸致。土木工程师锡乐巴[1]是一个

① 译注：海因里希·锡乐巴，德国铁路工程设计师，1886年来到中国。胶济铁路最初的主要设计者。

独例,作为修建山东铁路的建筑师,他以一种明了易懂的方式,出版了有关北京大觉寺的著作①,这也是他在当地短暂停留休养期间的收获。在这本纯粹是出于高尚、无私的兴趣而写作的作品中,他也得出了结论:召集专业人士来推动中国建筑的深入研究已迫在眉睫。他有理由痛惜:现有的学术研究对此还缺乏认识。我们还是老想着去挖掘希腊、埃及和巴比伦的那些东西,耗费极大精力去寻找它们身上有趣的东西。但是这些东西从根本上来说,不过是一如既往地确证我们早已熟识的建筑方式而已。

若是能把投入到埃及、美索不达米亚和希腊考古发掘上的一小部分投入到中国,就能以类似的却会轻松得多的研究获得令人惊讶的崭新收获。这也将会给艺术史的研究带来跨越式的发展,因为,在我们文化世界的另一端,呈现了一幅毋庸置疑、无比明晰的艺术图景,她将在业已流失的以及当代的亚洲艺术中,照亮一些昏暗之处。中国人,其习俗和艺术,于我们而言都是陌生的。我们很难摆脱所受的教育,摆脱自身文化的传统,同样也很难在艺术中接受陌生人,接受那些与我们血肉不相连之人,那些既非希腊之先祖,亦非希腊之后裔的人,也很难发现其美与意义。但是,我们却必须如此。正如历史之概念,已经延展为世界史;而政治和经济活动中,距离这个概念在地球上也已经荡然无存了。文化和艺术史的概念也随之而得到拓展。现在,我们不能只是在研究欧洲的同时研究埃及和美索不达米亚,而是要将我们的知识视野扩展到更大的范围,去了解我们还知之甚少的印度,尤其是中国。在中国,风土人情、习俗和建筑方面,我们面前就有一些流传过程中几乎保持不变的逾越千年的记录文献。我

---

① 译注:Heinrich Hildebrand: *Der Temple Ta-chüeh-sy* (*Tempel des grossen Erkennens*) *bei Peking*,Berlin:A. Asher & Co.,1897。

们只需要去阅读那些文献。

在亚洲，也开始了一个新的时代。灵活的日本抓住主动权摆脱外部影响，积极学习欧洲文化，不久以后古老艺术的好时代连同那些文物古迹就会逝去，也许最后只剩下工艺美术。而中国这个大块头也在舒展筋骨，在欧洲列强入侵的过程中中国被唤醒了，她缓慢而坚定地再次找回了古代文化的生命力、创造力、爱国主义，以及一个优秀民族应有的其他优秀品质。而与日本相同的是，白种人占领中国，将现代机器和建筑灌输给中国的过程中，中国人也会忘记他们的传统。如此一来，寺庙、亭阁和宝塔，会成为瓦砾和废墟，现在他们已经慢慢在倾塌了。人们往后只能徒劳无功地在断壁残垣中寻找已经逝去的文化。往昔的文化，只能在各种传说之中寻觅了。那么，对当今中国人生命和艺术形式的探究，就无法获得现有的深刻研究了。

因此，是时候用绘图、文字和照片来记录中国那些形态各异、常常是值得称道的作品了，从建筑构造的角度而言，这是极为有趣的。要赶在它们被某些人民运动愚昧无知、不明就里地毁坏之前，遗憾的是，这种情况在中国已经很多次出现过了。照此一情形，中国建筑史的科学研究是一项紧要而迫切的任务了。如果以德国式的勤勉，加上德国的资金参与到这项卓越的工作中来，即在建筑艺术的框架之内有计划地来研究中国建筑，那我们就可以欣慰地说，作为 1900 年军事远征的结果，科学和艺术在此也得到了相应的归所，这可称得上是此次军事行动带来的，除了稳固的贸易关系之外最美好的成果。如若我们政府独立而富有远见，抓住时机，领导和开辟了中国艺术史的研究领域，这将会是德意志民族的功绩，也是对科学研究的贡献。

3. 中国考察的过程

第一次在中国驻留是在 1902—1904 年，往返乘坐的都是当时通行的蒸汽船，途径印度，到达中国。到中国后，我的活动范围基本是天津、北京和青岛。1906年秋天开始的第二次行程，我选择了途径美国和日本，1909年夏天经由西伯利亚返回。此行在中国所行之处，随后会有专门的深入描述。不过这里可以先提一下，本卷描绘出了大致的旅行路线图。

到北京的头几个月，正值1906年底和1907年初的那个冬天，我在北京为中国考察和研究做一些准备工作。只要天气条件允许，我便会进行一些2—3周的短途考察，去了明代的帝王陵——十三陵，当朝的东陵，还有热河古老的避暑山庄，那里有著名的喇嘛庙。整个夏天我都基本上在北京郊区度过的，大多时光是在庙宇密布的西山，其中堪称最美的要属碧云寺了。

接下来的七个月我都在旅途中：先是去了当朝的帝王陵——西陵，接着去了山西名山五台山。回程之后我又依次先一路南下到河南省首府开封府。从开封，沿着黄河顺流而下，经过四天的路程，到达山东首府济南。以济南为起点，我开始了六周山东之旅，去了名岳泰山，孔子故里曲阜，然后穿过济宁直隶州。冬天的严寒驱使我向南走。在宁波度过圣诞节。1908年1月我独自在远离尘世喧嚣的岛屿——舟山群岛上度过，普陀山便在岛屿之上，这是本书第一卷要研究的对象。

3月初经由海路回到北京，我筹划了最后一次长途考察，此次考察从1908年4月到1909年5月初，时间跨度12个月有余，横穿整个中国大陆，向西和最南挺近。首先是到达山西首府太原，然后向南斜穿山西，到达黄河转弯口。在陕西我造访了名岳华山、首府西安，穿越秦岭山脉，进入四川盆地，到达富饶肥沃的天府之国——四川。在四川，我度过了四个月。从首府成都，我挺进了此行最西点——雅州府，向西，向西北，眼前所见是白雪覆盖的山脉，它们以神秘的力量吸引着游客前往西藏。然而我必须就此折返，不过在附近的名山峨眉山还居留了三个星期。乘坐小船，由岷江进入长江，到达重庆。其间，在原定计划之外抽出九天顺道游览了自流井的著名产盐区。从重庆到万县的旅程，我有幸坐上了德国的"S. M. S. 祖国号"内河炮艇。接下来的旅途则又回到此前的乌篷船或帆船。在洞庭湖告别长江，进入湘江，前往湖南首府长沙。顺道去江西做了一个短途旅行，与德国工程界的同仁一起度过了圣诞节，他们主持着萍乡煤矿的开采①。

1909 年的元旦，我在南岳衡山游览，从那里经由陆路到广西首府桂林，然后沿桂河进入西江，前往广东首府广州。从广州坐船经海路到达福建首府福州。在杭州城内的美丽西湖边度过了复活节。从这里，急急忙忙返回北京城，到达时已经是 5 月 1 日，恰好还赶得上已故光绪皇帝的葬礼。

4. 写作目标和框架

我在中国的考察足迹，遍布了十八行省中的十四个，走的常常是那些交通要道，这些道路历史久远，人来人往。而且，我总是在人口稠密、经济富庶地区的民众生活中停留。我的目标就是研究中国，理解中国文化何以呈现为今天所见的整体性，以及她内在蕴含的精神力量。因此，需要去探究重要文化遗迹中那些让人印象深刻的建筑物，聚焦精神文化生活和经济生活的核心地区，就像我们在研究自身文化时所做的一样。如若只是重点研究那些去古甚远，早在几个世纪前的建筑和艺术遗迹，或许可以为解决考古学上的一些特定

---

① 译注：萍乡煤矿，位于江西省萍乡市安源区境内。1897 年，清政府向德国礼和洋行借 400 万马克，并请了二位德国高级矿师赖伦(Gustav Leinung)和马斯斯，在萍乡境内进行了一次全面调查。1908 年(光绪三十四年)，盛宣怀将此矿与汉阳铁厂、大冶铁山合并为一，名曰汉冶萍煤铁厂矿有限公司。

问题，填补艺术史上缺失的一些章节，贡献几分力量，却无论如何也无法探究中国民众活泼的生活。中国民众活泼的生活，在今天的整个文化中依然是清晰可见的，同时也能延伸到最遥远的过去之中，它需要的是我们对活生生的当下生活有所感知，认识到其重要性。只有以现在为研究的起点，也只有对中国独一无二的思维世界多一些理解，我们才有望，能够给中国艺术形式的内在意义其应有之评价。

中国人的宗教和哲学信念，作为精神文化最重要的表达，最直白地体现在各种详尽的文本记录中。这种信念同时也表现在中国艺术，尤其是建筑艺术中，并达到了一种我们的艺术创作难以企及的精度。借由中国建筑艺术便找到了理解中国文化和谐统一性的钥匙。

本书严格恪守的基本前提：根据我个人实地的信息采集进行精确的、几何的测绘图绘制，通过绘画速写、照片和中文原始材料来进行说明。中国建筑物上，寺庙中处处都有铭文，内容多为诗文、历史和宗教主题，这些文字大多都相应地给出了翻译，而且尽可能采用韵文形式，以便配合汉语原文的诗律韵脚。书中对建筑的细部、山上庙中僧侣们的生活、香客、建筑物与近景和远景之间的关系，还有建筑自身格局的描述，都有图片作补充。图文并茂的文本形态，使得本书得以实现它的首要目标，即成为一本有关中国的一手资料汇编。不过本书在提供原始资料的同时还不断地引入对普遍文化思想的讨论，使得它也能适用于作为一本广义比较文化史的入门指南。

本书就其性质而言适合的对象，首先自然是出于职业要求或个人兴趣研究中国的人，同样还有建筑师；于建筑师而言，本书可以为他们展示一种新的建筑形式的世界，并提供相应的阐释，以及比较建筑史中的一些材料。更进一步而言，还有宗教研究者、哲学家和美学家，可以从中获悉一些具有重要意义的事相：即一个民族最纯粹和最深层的信念，如何能够以一种几乎显而易见的形式，在他们的建筑艺术中呈现出来。探究这一事相也是本书标题中"宗教文化"应有之义。正是在中国，很大程度上，艺术和日常生活的方方面面，都渗透着宗教观念的影响。各种艺术的外在形式，尤其是建筑艺术，在细心的观察者那里，已经展现出宗教生活的某种图景了。我想说，正是建筑艺术与宗教相互建构特有的这种和谐感，唤起了研究者心中强烈的愿望，把二者作为一个整体进行描绘和解释。因此，我想将本书的内在主旨进一步界定：本书既不是一本宗教专著，故而不会采用宗教专著式的表述方式，也不是一本建筑学专著，仅仅只是考察形式要素，而是与这两种研究都有所不同，同时又是二者的相互建构，高度统一。在这个意义上，本书完全超出了纯粹汇编的范畴。不过现在看起来还是保留了作为一手资料集的特点。因为对以后的研究者而言，他们可能很需要知道，在今天的时代一个欧洲人是以怎样的方式感知中国文化的本质的。并且这个人努力在自己的观察中尽可能立足于中国立场来理解中国文化。

一个专门限定于在建筑构造或历史层面上对中国建筑的讨论，包括其在整个世界的范围内与印度和欧洲建筑艺术之间错综而颇为有趣的关系，可能还留待以后进行。我们手头现有的建筑测绘资料，必须首先有条有理地进行整理和编排，然后才能在宏观层面做出总结，构建出一个体系。中国人几乎没有提供欧洲意义上的系统整理，他们有其自身的知识学方法，在建筑学这个薄弱的领域，几乎没有什么现成的中文论著，能为我们的研究提供一些帮助。

日本人很早就吸纳了我们的研究方法，正因为如此巴册尔才能够运用他们前期的工作成果，出色地将日本建筑艺术作为自成一体的类型介绍给我们①。由于中日建筑营造有着相近的亲缘关系,因而该著作在某种意义上,也为本书提供了一些资料方面的引导。与之相类且可以作为补充的还有此前已经提到过的锡乐巴的著作。该作以建筑测绘为依托,在很多方面,于我而言,都可以作为学习的榜样。我在这里呈示的绘图材料,应该只是暂且表现为风格类型的档案,而目的则是在于,以后也能用到中国建筑学的其他专著中。所有大规模寺庙的平面图都采用统一的尺寸比例,即 1∶600,单体建筑的平面图和剖面图则是 1∶300 或 1∶150。建筑细部图同样也是尽可能保持统一的尺寸比例,以便可以直接进行比较。

本书对建筑遗迹的历史地位暂时也没有详尽的探讨。只要是可能的话,还是会尽量给出建造年代。但不会做出定论。因为在材料还不充分的情况下,做出一些定论还为时尚早,意义也不是很大,且经不起时间的考验。然早期所做的为中国艺术这个艰深章节构造出一个体系的尝试和努力,至少也是值得肯定的。中国建筑艺术,只是中国艺术这庞大领域中的一个部分②。对中国建筑艺术迄今为止的研究工作的进一步详细评价,后面会用专门的一卷来讨论。

因此,本书对建造和历史方面的问题只是一笔带过,更多的重心会放在中国特有的营造思想之上,它尤其体现在建筑的选址规划中,同时也体现在建筑形式和装饰的审美内容上。

本书的主旨,是要能够阐释中国建筑艺术和宗教文化之间交互影响的关系,要想做到这点,则需熟悉语言,深入地考虑到语言因素。

① Franz Baltzer: *Das Japanische Haus*, 1903; *Die Architektur der Kultbauten Japans*, Berlin: Verlag von W. Ernst & sohn, 1907.
② 原注: Oskar Münsterberg: *Chinesische Kunstgeschichte*, Band II: *Die Baukunst*。明斯特伯格的《中国艺术史》卷二"中国建筑艺术",正处于出版过程中的(译注: p. 1 - 86. Esslingen a. N.: Paul Neff Verlag(Max Schreiber), 1912),专列"建筑艺术"章节,将各种建筑进行了分类汇编。

研究一个文化，而不掌握该文化的语言知识，必定会停留表面，流于肤浅。然而，哪怕只是在一个不算太高的程度上熟悉汉语，也需要经历重重困难；接下来需要面对的工作更加艰难，即翻译那些充满哲学和宗教寓意的诗文；当中文又涉及外来的、佛教的思维领域后，这一困难变得几乎无法克服。就本书主旨而言，探究这些诗文是不可或缺的，所以我觉得，还是必须冒着危险，将它们翻译出来。我完全清楚地意识到，中国的诗文，尤其是在本卷中，充满了佛教文本的隐喻，我从汉语中或转译或直译过来的这些表述中，大部分都是佛教术语。我认为，让文本中充斥外来的梵语名词，或者过多地深入探讨宗教学本身——它其实与宗教文化是两回事，显然是不合适的；而依据类型学的观念来解释佛教造像及其称谓，也完全不是我的意图。其实大多数的佛教概念，都已经逐渐发展出了一个传统的、特定的中国版本，它与古印度的佛教中的概念差别颇大，一般只是这种形式来构建中国僧侣和文人专属的精神世界。

我想对文本的编排做如下界定：翻译遵循的标准是，要使一位受过良好教育的、对佛教的涉猎只是在相对笼统而抽象的层面上的中国人能够理解的方式。当然，文本中偶尔也会插入一些原始梵文提示，根本的目标是，使用尽量准确的基本概念来真实还原诗歌的氛围，以及其中包含的独特的中国内涵。

除了我们业已意识到的这些限制条件，翻译中文还有很多的困难。因此我不得不请专业的语言汉学家们替我的翻译把关。我理当谢谢柏林民族博物馆的馆长缪勒①教授，在语言上给我的诸多提示，以及在佛教这一困难重重的领域中给我的帮助。

---

① 译注：缪勒，Friedrich Wilhelm Karl Müller, 1863—1930，德国东方学家，1906—1928 年任柏林民族博物馆东方部主任。

在原始材料的选择和编排上,遵循以下原则,将那些内在关联紧密,自成整体的建筑群放在一起作个案研究。从而既保持资料汇编整体上条理清晰,各个分卷又有自成一体的特色。作为开卷之作,首推对庙宇整体之阐述,以及营建规模宏大的佛教寺庙。鉴于此种考虑,本卷《普陀山》被推到最先出版之列。在本卷的每一部分中,中国人宗教活动的各个方面在他们的建筑中得以阐明。

本卷的印行上,还有以下几点需要做出说明:

所有的建筑测绘图和一些钢笔画,都是由我的制图搭档——建筑师卡尔·科阿兹(Karl M. Kraatz)先生,在我原有采集数据和绘制草图的基础之上而完成。

在中文文本的处理上,来自北京,曾在柏林从事过科学研究的王荫泰①先生为我提供了诸多帮助。

这里向两位先生表达我的谢意。

中文字体的印刷则由帝国印刷厂热心地完成。

照片 Nr.3、8—12、21、22、24—26、40、41、53、162、201、206、207,表 7,图 2、3,是我在宁波的一个摄影者手中购得,表 1,4,15 的原件则购于普陀寺。

剩下一些由笔者采集的图像和速写,供示意之用。

鲍希曼

1911 年 11 月 4 日于柏林哈伦湖畔

---

① 译注:王荫泰(1886—1961),字孟群,山西临汾人,中华民国政治人物。王式通之子。王荫泰早年前往日本留学,1906 年毕业于东京官立第一高等学校。后又赴德国留学,1912 年毕业于柏林大学法科。回国后在国务院法制局等处任职,并兼任北京大学法科讲师。

II. 《祠堂·导论》（1914）

《中国建筑艺术与宗教文化·普陀山》1911 年 11 月付梓出版①。诚如我在当时的《导论》中所言：约瑟夫·达尔曼功不可没。正因有了他孜孜不倦的努力，我的研究才得以可能。另外也多亏他指出了，1911 年，于中德关系而言，有着里程碑式的意义②。因为在此的五十年前，即 1861 年 9 月 2 日，艾林波伯爵③与清政府在天津缔结了普鲁士与中国之间的第一份条约④。与此同时，作为东亚外交使团成员的李希霍芬男爵也开始了他的中国研究，这份研究的成果后来发展成了也在最近（1912 年）刚刚完成的鸿篇巨制《中国》⑤。达尔曼曾说："中德经济关系的建立之日，才是真正意义上德国人的中国研究开始之日。"我们才找到了这个研究领域的庆典日。过去这五十年里，对中国而言，政治意义上的旧中国结束了，这也意味着一个新时代的来临。前言的结尾处还会有笔墨对此作详细说明。

本卷主要的研究对象是祠堂，它的主要作用是追思圣贤，怀远先祖，敬奉神灵。继第一卷《普陀山》以佛教的寺庙为中心的撰述之后，本卷将会把阐述的重点放在中国古代思想的范围内来进行。在接下

---

① 译注：Ernst Boerschmann: *Die Baukunst und ReligiöseKultur der Chinesen*, Berlin: Verlag von Georg Reimer, 1911。

② *Mitteilungen der Deutschen Gesellschaft für Natur- und Völkerkunde Ostasiens*, Bd. XIV, Tokyo, 1912, S119.

③ 译注：艾林波（Friedrich Albrecht Graf zu Eulenburg, 1815—1881），外交官和政治家，1859 年任命为普鲁士东亚使团最高统帅，出访日本和中国。1862 年出任普鲁士内阁首相。

④ 译注：即 1861 年 9 月 2 日，普鲁士与清政府签订的《中德通商条约》，标志着中德正式建立外交关系，1781 年德意志统一之后，这个条约为德国所继承。

⑤ 译注：李希霍芬（Ferdinand von China: *Ergebnisse eigener Reisen*, Richthofen, 1833—1905），德国旅行家、地理学家和地质学家、科学家。1860—1862 年，参加普鲁士政府组织的东亚远征队（Preussische Expedition），前往亚洲许多地方考察。（5 Bände mit Atlas, 1877—1912）。

来的若干卷中,我会以同样的方式,交替着来讨论中国建筑艺术中作为内驱力基础的佛教因素和古代思想因素,进而表明其显而易见的一体两面性,正是二者的融合,构成了中国宗教文化本身。

有鉴于此,各种类型的祠堂,各种风格的地方性纪念场所和建筑实体,都会在本卷中得到探讨,最起码也会被提到。接下来的著作中,还会更多涉及这样一种纪念性建筑,它源自某个历史人物或事件,将它们与特定的地点结合起来,保存人们对它们的记忆。中国文人士大夫云游,惯以遍历祖国山河的历史名胜为重,当他们追思怀古或在古迹中有所感悟时,都会忠实地记录下来。于他们而言,探赜古迹乃是人生之妙趣。此等美事在中国,无论是在相对意义上,还是在绝对意义上,或许都远胜于德意志民族。言其相对,是因为无论是文人士大夫阶层,还是为数众多的平凡百姓,都比我们要更加陶醉于历史与文学中那些风云人物和故事的传奇演绎;而言其绝对,则是因为,就其历史遗迹分布的地理空间之宽广及其所关涉的历史时段之久远而言,也都远胜我们。在我们的国度里,那些早年历史事件的舞台,甚至相对新近一点时代的故事,都并不为人熟知。而大众对此怀有的不过是一点模糊的记忆,传统的影子。意欲见证伟大的过去,我们必须去寻访古罗马或是古希腊的考古发掘遗址,再或者去埃及和美索不达米亚。然而这些地方只不过是在遗迹规模上胜过中国罢了,而历史在民众间的传承却早已不复存在了,只剩学者们还能够抓住历史的构架,猜测过去可能是什么样的。在中国,情况却恰好相反,直到今天古代的先贤圣人们都是有血有肉地活在民众中间,在人们为他们建造的墓地和祠堂里,栩栩如生地活着。经由此种方式,整个国家蕴蓄和保存着一部活的历史。这可以让那些哪怕只是初识文字、尚待开化之人,也能够在游历之中知晓历史,也就是说从民众中习得。

在历史建筑和场所的编目上,我们通常依据我们的一览表中所拥有的建筑和艺术古迹风格类型来进行划分,并且按州府地理分布将那些古建筑汇列成表。其实,很多材料在欧洲各类文献中已经有诸多涉及了。接下来将要出版的著作中,古建筑地理分布方面的材料还会进一步增多,旨在构建一个涵盖面更广的"中国古建筑位置一览表"。尽管有时候仅凭文献功夫也能塑造完整的历史图景,但借助古建筑本身来确定历史场景的路径更靠谱。1909 年我萌发了一个想法,想尝试着有计划地去建立一个中国古建筑的清单列表。1912 年由在《皇家亚洲文会北中国支会会报》①的麦考密克②介绍,受"中国古物协会"(China Monuments Society)之托,我作出了第一步的尝试。这自然不是一个多么完美的尝试,但确是迈向正确道路的第一步。建立一个全面的中国古建筑概览表,是研究中国建筑艺术和宗教文化的前提和基础。迄今为止的中国研究,未能像沙畹所树立的那种典范一样,努力去查证历史上提到的那些地方到底在哪里,而大多数却是用那些旧的,今天几乎无法知晓的地名进行标示。通常坚持这一研究原则面临的最大困难,是去查证有关地名的地理学上的确切位置。另一种方法也许可以反过来成为历史学方法的一种有意

---

① 译注:《皇家亚洲文会北中国支会会报》(*Journal of the Nord-China Branch of the Royal Asiatic Society*),是皇家亚洲文会北中国支会的会报。该协会的前身上海文理学会(Shanghai Literary and Science Society),1857 年由寓沪英美外侨裨治文(Bridgman, E. C.),艾约瑟(Edkins, J.),卫三畏(Williams, S. W.),雒魏林(Lockhart, W.)等人组建成立。1858 年加盟英国皇家文会,更名为皇家亚洲文会北中国支会,协会的宗旨是加强中外双方沟通和理解,消除隔膜,不仅仅在中国最大范围地传播基督教,同时还在中国开展调查研究,将成果介绍到西方。在其存在的 95 年期间,他们调查中国及其临近各国的事情、出版会报、建立图书馆和博物馆,在中西交流方面产生了广泛的影响。

② 译注:麦考密克(Frederick McCormick, 1870—1951)美国著名记者,生于密苏里州的布鲁克菲尔德。1900 年作为《哈勃周刊》(*Harper's Weekly*)的记者来华,亲历了义和团运动;后作为美联社的特派记者,赴日俄战争、辛亥革命等东亚战争现场进行战地报道。麦考密克在华十余年,1922 年回国,从事媒体工作,曾任广播电台东亚事务专栏的评论员。主要著作有:《中华民国》(*The Flowery Republic*)、《日本的威胁》(*The Menace of Japan*)、《俄国在亚太地区的悲剧》(*The Tragedy of Russia in Pacific Asia*)、《中国古迹》(*China's Monuments*)。

义的补充，也就是以历史建筑和地方性、历史性的遗迹为出发点，对它单独进行明确定义，从而形成一个完全不同的、精确的前提，在此基础上，历史研究某种程度上也可以一并建立起来。到最后，澄清历史关系又成为理解建筑图像和建筑史的必要前提。涉及中国，这点尤其应该得到突出的强调。因为欧洲的情况恰恰与之相反，对我们来说，一般历史研究的成果自然而然且毫不费力服务着艺术史研究。我们大约丝毫没有想到，如果只是完全依赖那些艺术遗迹进行研究，会出现怎样的困难。这就是我们今天在中国所要面对的困难，那些翻译成欧洲语言的历史材料，简直少得可怜。只要历史知识的可靠性尚未确立，艺术史知识就没有稳固的基础。在历史学者无法提供必要准备工作的领域，艺术研究者的工作也做不出历史的深度。

本卷题为"祠堂"（Gedächtnistemple），意在用这个新概念名词来包含那些用来怀念重要历史人物的纪念性建筑，借此表明：在中国，人们都是怎样沉浸在宗教性的直觉经验之中。在此我们可以看见那些伟大的历史人物和事件，超越了凡俗的生活，在宗教的领域和神性的光芒中熠熠生辉。鉴于内在的一致性关联，家族宗祠也可归列其中。我并不想只是立足于个人在中国的考察所见，便将祠堂作为一个单独的类别进行描述。"祠堂"这一概念的发展是相当晚近的事情，因此这里还缺少许多必需的环节，缺少那些最古的、三皇五帝传说时代的个案，存在某些时代的断层，还缺少重要的特殊类型。因此，本卷也并不苛求能将这一课题彻底完满解决。目前已完成的、还称得上丰富的这部分工作对中国宗教建筑艺术这一特定领域来说，才只是个开始。正是这样的进度才最好地提示我们，将来在这个领域还有什么需要完成。我在分类一览表中编列的祠堂，基本上还是仅限于我本人考察行迹中看见和听说的对象。在谋划此套著作（三卷本，本书为第二卷）伊始，我曾提出要坚持个案研究的原则，关于这点，我在第一卷《导言》中已经有所阐明，尽管如此，在本卷中还是会尝试着介入系统的时段划分和类型研究，旨在将重要个案中的一些决定性因素解释清楚，也为后续研究提供一些依据。

为此，除了那些一般性的关于中国的基础文献，一定范围内原始文献考究也是必要的。这其中包括我在各处收罗来的中国书籍，其中部分也会在文中提及。不过就算提及也只是偶尔提到，甚至完全不提——例如关于勉县诸葛亮墓①描述甚为详细的一本书。还有大量丰富的材料并没能得到充分利用。这些材料出自一些中文文献，对州、府、县描述的地方志，以及关于名山古刹的专题著作，它们散布在柏林的各大图书馆，尤其是皇家博物图书馆。如果要对这些材料文献进行翻译，那么本书的完工可能就会无限期地往后推延。同样，第二、三节中对单个祠堂的描述也还不够详明，离尽善尽美尚有距离。我在这里想做更多的是，汇报我的这些本身可作为原始资料看待的材料，并且尽量圆满完整地进行汇报，好呈现出研究对象的整体形象。可以肯定的是，借由中国文献的确切知识，可以为我们带来对建筑意图和建筑形式更深刻的理解。大约还没有谁，能够比本卷撰笔者，更清楚地意识到，对中国古代建筑的解释和评判，哪怕只是对建筑构件单纯的描述，都还只是停留在起步阶段。一旦掌握了对研究对象更全面的知识后——希望它就发生在不久的将来，那么毫无疑问许多东西我们会换一种眼光看待，许多表述也会与这里出现的完全不同。大多数的工作不过是初步预备阶段，而非研究终点本身，这个想法虽然着实让人有些沮丧，但也不妨碍在中国建筑艺术的阐述中，在第一卷困难重重的那些地方，去取得一步一步的进展。对历史社会语境详细探讨的地方，尤其在第一节的第二章，以及第二节

---

① 译注：原文为诸葛亮庙，诸葛亮庙在五丈原，此处应该是指诸葛亮墓。

中，只有一些注释是来源于中文原始资料，或者是具体方位的查证，其他的则全部立足于欧洲的文献，具体可参见本书文献目录。依本书旨趣，涉及圣王先贤的历史形象，只有对理解相应的建筑物，对理解所存的寺庙碑文有必要的情况下，才会进行描述。相关的历史资料汇编和原始文献也不会在本书里出现，不过还是会给出观察历史事件和人物的背景和视角，这是依据人物传记性质独立挑选出的。

得到详尽探讨的只有第二节中的庙台子，或许这同时也指出了详尽描述此类祠堂的方式吧。历史状况、地理基础和地方的风土人情，这些前提共同导致了历史人物的神化，且带来祠堂的修建。这些祠堂简直就像从历史和自然中生长出来一样，而他们精神内容和艺术形式又成了历史和自然的写照。这种在包括接下来第三节中出现的个案上面可以清晰看到的思路，在整卷中同样占据统治性的地位，尤其是在第一节中——这一节中比起详细描述更多是在大量列举寺庙。历史因素和地方性习俗，总是构成了我理解单体建筑的突破点；而与此同时，笔者行走在中国大地上，从最北到最南建筑风格也相应变化的这条路线，是我旅程不变的主题。对每个单体建筑做到尽善尽美的描述，或许就能够直接带来我们期望的建筑形态的知识和建筑风格的差异，为此我描绘了一幅整体上的大图景：它同精神文化和自然紧密相连，与祠堂建筑的形态息息相关，贯穿着沉寂的古代和鲜活的当代，跨越了寒冷刺骨的北原和富于烂漫想象的南国。于是将来会形成这样一种研究方式：研究建筑形式本身，探讨其历史语境和地理环境的变化，并将这些研究置入中国建筑艺术精神性内容、宗教性内容的历史变化之中。探究过去的历史变迁，在我们这个时代，有非凡的吸引力和益处，因为人们想知道，中国未来的发展会何去何从。这里也会就此发表一些看法。

在本书第一卷和第二卷出版之间，中国以革命的方式，实现了内部在政治上的变革。革命爆发的 1911 年 11 月，恰恰是本书第一卷出版之时。满族王朝覆灭，封建帝制结束，建立了共和政府，至少名称上如此。这不仅仅具有政治上的意义，同时也意味着那些亘古的、崇高的信念，彻底被颠覆了。可正是那些古老的、依托传统的力量而存续的观念，才是建筑艺术作品中所要呈现的。我在之前和后面的讨论中都将之描述为灵性的、动人的力量。当前赋予人民的政体的新秩序、有名无实的欧式宪法，民主的权利机制，以及这对精神文化和艺术文化可能产生的影响，这些——以我对中国人的判断——在本书中全都不会谈到。其实，亚洲人民千百年来早已以一种欧洲人至今没有弄懂的方式，真正民主地行使着他们的权利。这里应该展示出的是中国文化和艺术内在的、一以贯之的内容，他们在一个多世纪中几乎没有发生多少变化，也不会受到瞬息变幻的历史事件的影响——尽管这些事件在政治方面可能意义重大。凡在这一变革时期到过中国的人，只要不乏洞见的话，都会一致认为，中国人生活赖以存在的基础和前提，和以前没有多少两样。北京自然如此，像南京、武昌、成都这些古老的艺术之都，经历了血雨腥风和遭受破坏最严重的城市，亦是如此。回顾起来，新近这场革命，与此前太平天国运动和 19 世纪的回民叛乱相比，其破坏程度也相差无几。但中国文化并没有因此而亡，或者发生明显的改变。因此，那些研究一个民族固有价值，研究一个民族稳定的特质、精神文明和艺术文明的人，不可能承认一场急剧变革所能带来的、像那些务实的政治家在明面上言之凿凿所说的影响。尽管这样，还是可以看到，这个历史事件最起码还是传递了新时代来临的信号，固有的一些观念、精神力量的规则都发生了微小的变化，预示着新形式的必然出现。在我们的社会中，也有相类的历史时期，情况亦然。但是，只有过了相当长时间之后事件的影响才能被认识到。

在暴力革命下或许会萌生一些新观念,带来后继文化和艺术的新繁荣,这个看法或许可以让人有点安慰,这种差强人意的满足感,一到现实的痛苦事实面前,马上就会烟消云散了,因为,战争的直接后果就是那些无与伦比的艺术财富会遭到严重的破坏。这方面人们首先大概会想起那些在硝烟战火中遭到直接毁坏的建筑文物,但是随之而来更为糟糕的却是对艺术、对那些在内心斗争的焦虑中,伴随着贫穷、自私、道德沦丧而觉醒和生长起来的德性的漠视、无视,还有轻视。在骚乱面前,冷静的中产阶级,所有的艺术家都自行隐退。深度缺失了,虔诚和沉寂也看不到了,而这些却是艺术作品得以产生和滋养的源泉。创造,抑或是维持传统都丧失了意义。中国正经历着这样的灾难:在这里,古老的建筑物从来不会因其自身原因而都得到特别精心的保护;在这里,到处都是没有什么直接的实际功效或宗教利益的建筑物,它们都在坍塌毁灭。而最为糟糕的,这种对中国艺术作品的践踏和缺乏责任心,不仅仅在一部分中国人身上可以看到——对他们来说更多是被动的显现,同时,许多欧洲人极其糟糕的主动破坏行为危害更甚。一些古董商和收藏家,以一种几乎丧失理智的狂热,或者是出于一己之私,都想把地方藏品装进自己的口袋。他们无所顾忌,干一些大肆毁坏的事情,再或者就是驯服那些懒惰或贫穷的中国人,去满足自己不可告人的目的。晚近以来,一些著名石窟的遭遇便是如此,石窟中雕像的头部被分割下来,运到他们所在的欧洲去。而在欧洲,人们对建筑和艺术遗产的保护,正津津乐道着呢。这种对文化艺术的踩蹒,让中国艺术和文化的爱好者充满着正义的愤怒。然而对他们而言,能做的并不是很多,于是激发了这样的一个愿望:那些古物,可能会在这样的灾难中逐渐衰亡,但是至少可以为后代子孙留下一些文字和图像的记载。中国古建文物很快会消亡,我在第一卷导言中曾表达过这种忧虑,这很痛心地被证明了。鉴于这一考虑,对中国古建文物尽快全面的录入登记，势在必行。至少用当今研究者可能的技术手段来记录这些转瞬即逝的事物，这样，我们才能经得起子孙后代的历史检验。德国愿意担负起其应该担负的文化使命。

在本书的撰写上，有几点需要在这里说说：

与第一卷相比，除了少数例外，本书几乎完全遵循了转录一致的原则。地名、市镇、山脉、关口和道路、河流等相类概念，都简化为一个词，而人的字和号、寺庙名则分为几个词。专有名词全部大写。

频繁出现的送气音符号，按照习惯会标放在辅音和元音之间，但是这样一来，词语和整个文本的模样就会显得有些分裂，所以在这里以重音的形式标注在紧随其后的元音上面。这样做并不会造成误解，因为重音本身不会标注出来。这样一来可以使得文本显得流畅。

当索引目录印出来时，转录才最后被确定下来，所以文中的拼写方法和最后索引目录中的常常会有些不一致。

本卷末尾编制的两个索引，只涉及了历史人物和神话人物的名字。本卷尚且还未编制一个内容方面的索引，因为这样的索引必定首先得涵盖建筑概念和建筑特征，以及装饰的宗教象征元素。本书接下来的几卷还会有对上述每个单独项目的重复和补充，这种编排上的重复和混乱，最终肯定会导致列表在整体上漫无头绪、无法使用。有鉴于此，将来需要出一个最终卷，把前面几卷中的全部材料，按照建筑形式、装饰和宗教文化思想，进行紧凑的编排总结。这样一来，才能最终呈现出一个方法完善的研究。

中文文本的处理，很多在中国的时候已经整理好了，回国后则得益于一些中文老师和朋友们的多次帮助。在这里，我想向他们致以诚挚的谢意。

文中汉字的铅印字样，和第一卷一样，仰赖德意志帝国印刷厂的友情提供。

图 130、133、138、148，我得谢谢建筑师库尔特·罗克格①和阿梅龙（Amelung）两位先生，其他的图片，除少量是我从各地中国摄影者那里购得之外，都是自己拍摄和加工的。

鲍希曼

夏洛腾堡区，1914 年 2 月 5 日

III. 《宝塔·导论》(1931)

中国塔建筑，欧洲人习惯称之为宝塔，需专辟领地，全面阐述。究其直接原因，乃在于：比起其他的中国建筑，人们在宝塔上能够更直接地感受到它突出的作为艺术和宗教建筑的内涵。自 1909 年考察中国建筑归来，我便着手从事中国建筑艺术与宗教文化的研究工作。在调查和研究过程中，自始至终，宝塔都格外吸引着我的注意力，接着便展开了专门细致的研讨。这亦符合本研究领域的核心要义。在中国精神文化的领地，存在着清晰可辨的两个部分：即中国古代思想因素和后传入的佛教因素，二者相互关联，同时并行。因此，在建筑研究领域，对中国建筑的营建，也必须从整体上依据这两个方向来进行划分。这一基本的划分，我在此前著作中已有勾陈：1911 年出版的《普陀山》，是关于佛教观音道场的个案研究；1914 年出版的《祠堂》，则涉及了中国古代祭祀仪礼之场所——宗庙和祠堂——的探讨。当前这本有关佛塔研究的著作，则呈现出了宗教母题的转换，将有助于在建筑研究领域，进一步更加明晰地描绘出中国

---

① 译注：库尔特·罗克格（Curt Rothkegel，1876—1945），德国建筑师，1903—1929 年在中国。详细信息可参考：http://www.tsingtau.org/rothkegel-curt-1876-1945-architekt/。

文化的这双重视域。

　　本书脱稿成文，经历了一个漫长的过程。《祠堂》出版至今，相隔之久，可一目了然。而此一过程却对本书的内在精神和研究目标，都有着根本性的影响。早在 1914 年，我就运用自己当时手头的材料准备展开这项工作。可是，第一次世界大战爆发了，我参加了战争，而战后的头几年，我领导了东普鲁士战争墓地的扩建工作。因此，战争期间以及战后的那几年，本书的研究工作几乎没有什么推进。然而，在林林总总的重大损失和创伤中，在持续的混乱中，我们的领导层觉醒，坚定地开始推动德国重建。从那时起人们自然又连起了那些被战争斩断的联系。伴随着德国文化领域的重建，我也重新继续推进因战争而中断的研究工作。我在 1906—1909 年的中国考察，以及随后持续的研究工作和成果的出版，之所以可能，得益于我就职的德国政府部门。而 1921—1923 年，中国宝塔相关材料编排处理工作的推进，以及阶段性的完成，同样也有赖于他们的支持。与此同时，新近成立的远东学会，为我的研究计划提供了一笔丰厚的资金支持，解决了搜罗和加工材料时需要支付给协作者的酬劳。那时我已经清楚认识到，必须从根本上超越和拓展个人的研究材料和观察的范围。在此前的研究著作中，主体材料都来源于自己的收集、整理和加工。在当前著作中，这些材料只是一部分，当然，依然是数量非常可观的一部分。

　　第一次世界大战的诸多结果，带来了世界格局的巨大变化。与战前相比，东方和西方，表面上和实际上都走得更近了。我自踏入东亚伊始，自始至终坚定地认为：东方民族，尤其是中国，与现代开化民族门第相当，并驾齐驱。这一看法曾经得到认可，并让人采取一种更朴实的态度面对那些中国的问题。尽管曾经处于困难时期，人们在学术研究上也没有止步不前。若是那时候，研究精神文化和物质文化的特征的这门充满活力的学科，且能独立于中西在政治和经济领域紧密交流的道路之外存在,该是多么美好。若是能努力去探讨从史前时期到当代,中西文化之间的深层关联,结合过去二十多年以来,尤其是考古和艺术科学领域,日本和中国学者的帮助和带领下研究所取得的成果,定会发现:亚欧所有民族在发展的过程中,深深地相互影响着。此一结论也深深影响着对宝塔这个宏阔领域的考察,它已超出了狭窄的中国视野之外。

正所谓所见所期,不可不远且大;然行之亦须量力有渐。探赜宝塔形式的起源、用途和演变过程,及其在整个东亚艺术大图景中的位置,这些目标当前应该先暂退幕后,成为一种内在的驱动力。主要工作还必须迅速集中在就中国宝塔这一完整群体本身进行细致的研究。有关中国宝塔的许多已为人知的材料,是早在第一次世界大战期间,在海外的出版物中不断涌现的。一些德国人,学者或者艺术爱好者们,战后从远东,从监狱被驱逐遣返,也有些是违背中国的意愿事后强行出逃的,人数颇多。他们有关中国宝塔拍摄的照片和报道,也可以为笔者所用。一战前十年,也是德国在远东势力上升的时期,这一时期,德国学者,从业者及旅行者,拍摄或以别的途径在中国获得了一些照片。现在,这些老照片,也可以作为新的材料有计划地补充进来。这些图片资料数量可观,几乎可以证明:中华帝国的所有省份与宝塔构成的系统序列存在对应关系。与此同时,我们还有必要,借助中国古代楼台的相关历史文献,以及宗教意义的文献记载,去理解广泛意义上的塔式建筑图像。欧洲相关的文献,数量可观,方便易得,内容重要,亦颇为古老,可供使用。除此之外还需要参考相关的中文典籍,尤其是大百科全书式的《图书集成》①,以及州、府、县

---

① 译注:《普陀山》的参考书目之中,鲍希曼列举了:《图书集成》(*T'u shu ki ch'eng*, *die große kaiserliche Enzyklopädie*, Exemplar des Kgl. Museums für Völkerkunde.)。

和寺庙的相关志书。这些书要在优秀的中国专家的帮助下进行确认，并尽可能翻译。本书的第一章，列述了一些文献，从而为一幅立足中国的宝塔建筑艺术的完善图景呈现出了初步框架。

1923 年，有关宝塔的进一步工作，又中断了好些年。这期间，笔者完成了其他大量中国建筑研究的工作，尤其是从纯粹形式的角度对中国建筑的探讨，并且有相关著作出版。同时中德间文化和学术领域建立了实质上的交流机制，通过这些活动，两国关系更加紧密。当然，在这期间，我也不断补充中国宝塔的研究资料。1928 年，书稿本来已经应该完成付印，但此时情况又发生了很大的变化，需要再一次从根本上进行扩展和调整。

首先是，喜龙仁出版了中国艺术的煌煌大著，还有尚待出版的著作中，也涉及许多新的宝塔。从 1925 年开始日本学者常盘大定[1]和关野贞[2]出版了具有里程碑意义的著作《支那佛教史迹》[3]，对中国佛教遗迹进行了探讨，1929 年最后一册出版。该书用到大量中国宝塔的图片，以及中文和日文的文献资料。现在需要把所有新的有价值的材料都涵盖到中国宝塔的研究著作中来，尤其是相关的日文著作，要请一位精通日文的中国朋友帮助，将其翻译出来。这项工作已顺利完成，原有的材料得到了重新整合。材料范围比原有的扩大一倍有余，来自中华帝国十八行省的 550 余座宝塔和塔林，根据其形式、景观和历史特征进行了分类。由此为中国宝塔建筑的完整历史找寻到基本原则。宝塔的历史，其在某种意义上必定也是中国佛教的历

---

[1] 译注：常盘大定，日本佛教史、建筑史学者。

[2] 译注：关野贞，日本建筑史家，东京大学教授。致力于文化遗产的保存而为人所知。1920—1928 年，和常盘大定以重要佛教寺院为目标，在中国做了五次长期调查，注意到了古建筑自身的发展。

[3] Daijō Tokiwa and Tadashi Sekino：*Buddhist Monuments in China*，Tokyo：Bukkyo-Shiseki Kenkyu-Kwai，1926.

史。实际上，本书结尾时，还会尝试着按照佛教历史的视角进行总结。

所有在研究目标和材料上的这些扩展，进一步造成了，阐述依然还是更加集中地限定在晚清十八行省的中国遗迹之上。只有为数很少来自满洲的例子，对外围地区——蒙古、新疆和西藏的塔例只是稍作展望；而对于佛国之邦的印度及其记载丰富、存量巨大的佛塔建筑，也只是涉及一些思想观念上的联系。尽管如此还是可以看出，本书对中国特别的区域划分，乃至在大亚洲范围的发展历程都有计划地作了介绍，这必将为以后从宏观层面书写宝塔的整体建筑史打下了坚实的基础。

最终，成书过程中多次的中断对于本书的内容和目标的实现还是带来了好处。1930 年已经定稿，第一部分在秋季开始排印，且以一年为期完成。第二部分将会在 1932 年秋接续出版。

涉及的范围如此之广，550 座单体宝塔或塔林的序列如此之繁复，材料的分期分类，对于宝塔的描述就显得格外关键。单一地按照空间，亦或时间进行层列排序，都无法充分地认识到古建筑所特有的本质特征。在中国的历朝历代，风格上的雷同或混乱同时并存，从而使得系统的认知也相应变得复杂起来。因此，在中国艺术的大部分领域中，容易招致这样的危险，即在对相关问题和关系的探讨时，没有充分现成可用的比较材料，或者确定的发展历程可追溯。要想建立这样的发展历程，必须掌握大量我们熟悉的宝塔，并把形式的探讨作为起点；同时根据形态和完满性上的相同或相似，确定完整的宝塔类型。这样的尝试对研究目标的实现而言，可行且有效。有些宝塔的形式类型，区分明显，同时又通过中间类型相互关联。还有这样一个显著的、几乎可预见的事实：中国古代楼台的某些形态，与其所处的景观空间的制约相关，也与特定时代相关。每个形式类型的宝塔中，可能在空间和时间上存在一些各自所属的属性，依据这些共性，在本书章节中自然地进行分类。在这些章节中，那些以新方式命名的单独类型，按其共性之处尽可能以空间和时间为序在本类型之中排列。对宝塔的探讨，或概述，或详尽；详尽讨论的主要是那些拥有大量图像记录和文献来源的宝塔。在《中国宝塔》第二部分涉及北京一系列宝塔时，情形尤其如此。此一掩卷之作的最后，会另辟章节，专门讨论天宁塔、喇嘛塔、多级塔，并对中国宝塔及其意义、形式和历史进行综合概括。

中国所有行省的宝塔，分布之广，数量庞大，只有先建成一个系统的序列，才能完成后续的任务：在整个领土的巨大空间中，理清宝塔之间，以及不同宝塔类型之间的关系，从整体上描绘出一幅完整的图景。《中国宝塔》第二部分的最后章节中，试图在个别已有研究成果的基础之上，绘制出中国宝塔建筑史的全貌，这样看来，似乎在这个单独的部分已经达成了整个研究的某种结论。然而显然，尽管这项工作本身范围已经很大，仍旧只不过是进一步深入研究的起点而已。正是这些或简或详的个案描述，指明了研究的方向。重要的中国宝塔，现在收罗进来的肯定只是其中一部分，而其他那些尚不为我们所了解，或者只是略略提及的宝塔，还广泛地存在于中国大地的各个角落，它们也许能给出最重要的结论。这需要我们做到，任何一座单独的塔与相关的寺庙一起，都要在绘图、摄影和景观画中准确记录，并完整地挖掘当地的文献记录——虽然只是很少情况下会用到。这样的研究方法已有一个实例，可供我们将来借鉴：艾锷风和戴密微在泉州工作多年，新近他们有一本详尽研究福建泉州宝塔的专著。本书关于石塔的讨论中，也涉及该塔许多重要的细部。只有对更多大量的宝塔进行同类型的、全面的研究，从每个方面作出清晰的解释之后，将来才能够全面评价宝塔建筑成就，才能顺理成章地把它们归列到中国宗教文化的大历史之中去。

当前研究选用的方法，及后面学科讨论的方法，完完全全立足于我们欧洲的学术传统。不过在将来，中国学者会担负起责任，在这条康庄大道上发挥主导作用。他们的研究能够依据最为详尽精确的本土知识、实物，以及历史文献，也会采用把中国和欧洲学者的研究整合起来的新方法。1911年清政府倒台之后，中国政治、经济和社会的巨大变革，对中国而言是灾难性的。与此同时，新时代也带来了巨大的进步，年轻中国所拥有的活力和自我意识，在精神文化领域，带来了学术研究和语言自身的急剧变化。因此我们大概可以期待从中国学者未来的学术研究中，出现最重要的成果。在建筑研究领域，在古建遗迹考察和重要的古建文献的出版上，已涌现出了一些有价值的成果。西方意义上的中国现代学术，其大发展的时代，指日可待。在研究中国的领域，将会由中国人自己来引领。

本书的完成，得益于诸多同仁共同协作，特作如下说明：建筑师卡尔·科阿兹依据我采集的绘图和照片，完成了几乎全部的测绘图；乔尼·赫福特①翻译中文；Liu Cienye 翻译日文，我自己则完成了最后的定稿工作。尤其是在诗歌的翻译上，力求精确地保留原来的词序和韵律，尤其是韵脚的数量，同时又能拥有德语诗歌的音律和意蕴。很多情况下，可以实现翻译上的一致，这表明：即便是那些难度甚大的汉语文本，也是可以被忠实地转换过来，有时候甚至超过它。但是，这种情况下必须放弃原有的押韵，牺牲诗句中蕴含的多重兴味。中文汉字多由 Lektor T. C. Tseng 抄录，也有一些是由 Dipl.-Ing. Cheng Shen 完成的。前面提到的日本教授常盘大定和关野贞两位先生作出了重要贡献，他们慨允我引用《支那佛教遗迹考》中的

———

① 译注：Jonny Hefter, 1890—1953。

图片资料。此外，还要感谢喜龙仁①、艾锷风②、福兰阁③、海尼士④、乔治·魏格勒⑤、W. Limpricht、梅尔切斯⑥等诸位教授。关于现藏于芝加哥菲尔德博物馆徐家汇的宝塔模型的出版物，是本书的一个重要基础。对以上所有的这些，还有那些只是在列表中提及名字的图片作者们，致以诚挚的感谢，感谢他们的参与和协作。我自己手头现有的材料，也并非全部都采用，如果遇到其他材料更好的话，也会放弃采用自己的材料。翻译的材料，如果超出了限定的主题框架，也不会全部采用。而另外一方面，欧洲文献本身也只是用到一部分，目前可参用的文献可谓汗牛充栋，有些重要的文献也难免被作者忽略。

在中文著作中，有大量丰富的宝塔图像，只用到 Lin King 的游记著作。本书几乎没有怎么用到那些带有宝塔的著名的、为数众多的、独立的绘画和绘图。大量使用这类材料，或许超越了当前的使命，即研究古代建筑的真实存在，而是走入了纯粹绘画的艺术领地，而这个领域又自成一格。

文本中图片的编排，遵循双面都使用方便的原则，将同类的塔，

---

① 译注：喜龙仁，芬兰出生，瑞典学者，斯德哥尔摩大学教授，艺术史研究者。著有：《5 到 13 世纪的中国雕塑》(*Chinese Sculpture from the Fifth to the Fourteenth Century：over 900 Specimens in Stone，Bronze，Lacquer and Wood，Principally from Northern China*，1925)、《北京的城门与城墙》(*Les palais imperiaux de Pekin*，1926)、《中国早期艺术史》(*A History of Early Chinese Art*，1929)、《晚近中国绘画》(*A History of Later Chinese Painting*，1938)、《中国园林》(*Gardens of China*，1949)、《中国与 18 世纪的欧洲园林》(*China and gardens of Europe of the eighteenth century*，1950)、《中国绘画》(*Chinese Painting：Leading Masters and Principles*，1956)等。
② 译注：艾锷风(Gustav Ecke，1896—1971)，即艾克，出生于德国，先后在波恩、柏林等地学习美术，文学和哲学。著名的远东文化研究学者，艺术史学者。
③ 译注：福兰阁(Otto Franke，1863—1946)，著名德国汉学家，又译为傅兰克。曾任德国领事馆翻译，中国驻柏林使馆参赞，汉堡大学汉学系教授。
④ 译注：海尼士(Erich Haenisch，1860—1966)，德国汉学家，蒙古学和满学学者。
⑤ 译注：乔治·威格勒(Georg Wegener，1863—1939)，德国地理学家和探险家。参见：http://de. wikipedia. org/wiki/Georg_Wegener。
⑥ 译注：梅切尔斯(Bernd Melchers)：《中国》(两卷)(《寺庙建筑》、《灵岩寺的罗汉：佛教雕塑研究》)，*China：Der Tempelbau，die Lochan von Ling-yän-si*)，Folkwang Verlag G. M. B. H.，Hagen i. W. 1921。

或者是同一座塔的不同图片以及同一座塔的不同细部，排列在一起，以便直接进行比较。在满足图文并排的视觉美观要求的范围内，图片中塔楼与其细部的比例尽可能地一致，宝塔的平面图、立面图和剖面图几乎都选用了 1∶300 的比例。

为了追求图文的完整性，脚注没有放在正文页面。必需的说明直接放进了文本叙述中，或者有时候只是用间隔号稍作提示。详尽的解释和标注可以参见第二部分末尾宝塔的地理一览表。该表中列入的宝塔的信息全面且准确。表中那些按顺序排列的斜体小数字符号，与文本中提到和讨论到的宝塔在页边以及图片下面的编号，都可以一一进行对应。书末还有另外一些图表，或按照宝塔营建时间，或按照材质和规模，作了进一步的编排整合，同时还列出了相关文献资料。文本中涉及寺庙、宝塔、山川、河流和历史人物，其名称都保留了汉字。与之相反，为了避免文本过于冗繁，统治者和皇帝年号则都略去了汉字。因为任何一本相关手册中，根据给出的年代都很容易查找出来并确认这些信息。州府、地区、城市和地名的中文名称，基本上只是在文末地名一览表中出现。

汉字的德文拼法，主要参考了福兰阁的方法。为了保持图文的整体性，进行了最大程度的简化。文中汉字的发音，送气音会用符号进行区分，区分符号作为重音符号放在旁边的元音上；除此之外，就不再使用其他的区分符号了，更多时候则是通过不同的书写方式进行区分，如 tze，tse 和 te，这对于内行来说，很容易便可以区分。多次出现同属一体的概念，如地区之名、州府和城市之名、山川河流之名，以及一些别称，会写成一个词。当然也不可能做到完全如此，所以有些寺庙和湖泊的名称会拆分开来。或许将来汉字的西文转写，会朝着固定的概念用一个完整多音节的语汇概括的方向进步。对那些可以看作强变化名词的汉语词汇，也用加"s"的方法构建属格或者复数,这种做法完全不可取。因为这样就会产生令人难以掌握的构词法,这在德语语言中本身已是一个问题。文中少量出现的梵语名字,同样完全没有用符号区分,很多时候只是为其选择一个最简单的书写方式,这种书写方式可能用得少些,但是也几乎不会造成误解。尽管如此,在这些语言问题,以及汉语翻译的基本问题上,还是要请求专家们的包容,因为我没有能力将之提升到纯粹语言学研究的高度上去。

　　最后,为这项令人愉悦的使命,我要向外交部、德意志临时科学联合会①,柏林东亚艺术协会②及同仁,表达我诚挚的感谢,感谢他们在本书出版,还有物质上提供的支持和帮助。

---

① Notgemeinschaft der Deutschen Wissenschaft（NDW）是 德 国 国 家 科 学 基 金（Deutschen Forschungsgemeinschaft）(DFG) 的前身,成立于 1920 年 10 月 30 日。
② 东亚艺术协会,Gesellschaft für Ostasiatische Kunst, 1926 年成立于柏林。

二、 中国建筑

编者按：本小节两篇文字节选自《中国建筑》（两卷本）（*Chinesische Architektur*，2 Bände，1925）的"前言"和"结语"，分别题为《中国传统建筑形式之研究》（Das Gebiet Chinesischer Architekturformen）和《中国建筑之本质》（Das Wesen Chinesicher Architektur）。本书分为两卷，每卷包含十个章节，试图从建筑语言形式本身来探讨中国建筑艺术的本质特征。

I. 《中国建筑形式之研究》（1925）

本书旨在以图文并茂的方式，来阐明中国建筑之宏貌。作者享有职务之便，早在中国国家制度发生变革之前，即在清王朝的最后十年中，就曾在中国，尤其是北京生活过许多年，又得以在中国进行了为期三年的建筑考察，穿越了古老中国的十四行省。古老中国的营建文化与建筑的形式世界，是本书阐释的核心所在。于将来而言，它们持存着根本的意义，在当今，依然一如既往地散发着勃勃生机。欧洲建筑形式在中国还只是零星存在，大部分还保持着传统面貌。这些传统建筑，对从日本到土耳其，从西伯利亚到西藏再到马来群岛的亚洲建筑面貌来说，都有着典范的力量。所以说中国的内在能量足够强大，其外在影响能够以建筑艺术的形式长久留存。

中国建筑及其形式语言（Formensprache），与一个民族物质文化和精神文化的全部领域都紧密相连，息息相关。完全地理解它们，只能从各种关系交织构成的整体中才能实现，践履这项任务，已经超越了每一幢单体建筑本身，因此，在进行阐释之前，有必要对这一领域进行限定。首先从地理分布上进行界定：中国文化中有着蕴含一切的统一性，素被理所当然视作中国文化最重要的特征之一。但此种统一性中，却有着外来因素的强烈影响。这些因素来自异域，又经中国本土化折回，对异域文化产生影响。然而中国文化的中心，自始至终，迄今尤甚，主要集中于古老中国文化的十八行省之中。对于中国建筑的阐述即限定在这一地域，尤其是笔者考察行经之处，历史悠久，人来人往，大多人口密集，由此还可以通往大城市或者著名的文化遗迹。有些古迹，可能也会格外偏僻，但是到了特定的日子，常常也是香客云集，从而也保留了一些极具价值的艺术之作。当我们乘坐着原始的交通工具，徐徐前行，每一次环顾，眼前景致便获得一次更新。我们与当下的生活乃至自然景观之间，保有着一种生机活泼的关联。尤其是在中国，景观处处似乎都与建筑物息息相关，于是便出现了本书的第二个限定，即在此凸显出的活泼泼的艺术的当下：无论是意识到，抑或未曾意识到，每一个中国人在他们的土地上，无时无处不在感受着它。艺术的当下化为中国人自身存在不可分割的一部分而被享用着，同时也化为了他们如影随意、处处可见的美丽的陪伴者。因为建筑的营造，以及建筑艺术形式的生产，在中国规模之大，远远超出了我们所有的概念，形成一幅庞大的建筑图景。鲜活之当下的精神，与遥远之过去相同，正通过这幅图景对我们产生着影响。

如果我们将研究范围在空间上界定为古老中国,在时间上圈定为当下,那么显然,纯粹的艺术史视角,或者综括的历史视角,则必须悬置起来。在我们这个日益历史化的时代中,人们最近又恰当地回归了用务实而鲜活的视角去理解事物。而在那些还得探究过去的科学研究中,人们低估了活泼泼的当下,直到今天,人们依然在某种程度上认为:洞悉一个民族的秘密,可以通过研究这个民族的历史,甚至是史前史来实现。与之相对,我们却认为,在研究一个陌生的异文化时,对当代的探讨应该成为研究的出发点。如果说有一个国家,过去的历史真正发挥着巨大的影响,那么中国便是如此。然而,历史在中国首先是作为传统而发挥着影响,并一直用于实处,所以它散发着生机勃勃的活力,我们必须将中国视为有生命的机体。这点同样适用于中国的建筑艺术。撰写一部中国建筑艺术的历史,只是目标之一,而且远不是最重要的。毕竟,在中国建筑艺术研究中,大多数情况下为建筑物作一个可靠的历史断代,依然还是困难重重。

历史性的考察,抛不开对精神脉络的解释。尤其是在中国,其宗教和自然哲学观念,以及来自亚洲其他地域的精神文化的影响,对建筑物的构造形成有着非同一般的意义。这些观念几乎完全融入了艺术形式的语言之中。不只将众神灵人格化,还有创造出别具装饰性和形象性的象征物,用来表达思想和概念,这些创造力和能力,在中国——超出亚洲其他地方,发展到了最高水平。与之相关的还有,与自然景观的关系,对家、国和祭祀的安排设置。这些或许在将来可以归到"大建筑艺术"(Großen Baukunst)和宗教文化的研究范围中。建筑艺术与宗教文化的相互关系不是这里要讨论的重点,而是另辟专著来进行探讨。

这里也不会专门来讨论纯粹营建的问题。由建筑工艺、材料和气候及建筑形式的某种借用而引发的相关问题,若要详细展开需要就中国建筑实践作出详尽的解释，同时还需要考辨和参照相关文献。因此，从建造层面来探讨建筑的系统营建，尚需诸多进一步的基础准备工作。当然，初步的工作，除了本书中系列的建筑绘图之外，还有一些研究论文，这些文章已经从不同角度提出和探讨了特定的一些问题。

我们自始至终几乎视为最根本的那些目标，貌似在此没有去追寻它们。而这里有一个独立且宏大的目标，它与建筑最为内在的本质息息相关，即纯粹艺术形式的语言本身，它在艺术传达上的价值。建筑艺术的装饰形式，貌似无一定之目的，却能映射出精神的至深之处。它们以自身为目的，就像焦点一样，一切生命的力量在此汇聚。也只有它们，跳出了建筑的矛盾冲突和形体沉重，跳出了维持日常生活的那些需求和沉重负担，得到完全的释放和澄明。而宏大建筑物的营建和建筑物的构造都不得不考虑日常生活的需求，背负其沉重的担子。建筑艺术的装饰形式，看似纯粹之装饰，同时也是建筑物最终的、真实的内容。有如在一个传奇故事中：所有的不真实，总是启示了历史最内在的本质，表现出最高的真实性；亦如寓言或譬喻故事，以最恰切的方式来点明一个复杂事件的意义所在。中国建筑可以为我们理解这种建筑艺术形式的观念提供一个样板。在中国建筑的所有部分，乃至最末的细节里，不只是贯穿始终的象征手法，更有人的情感都鲜活地存在于纯粹装饰的语言中。没有这种情感就不会有各种艺术丰富多彩的形式，不会产生艺术的坚固、均衡与美观。这是我们必须对中国表示钦佩之处。为了对建筑纯粹的形式语言有所认知，本书分出 20 个章节，按照预先设定的顺序对最重要的建筑类型和建筑部件进行探讨。顺序设定的依据既不是建筑时间，也不是建筑的文化意义，而是形式。同样也是出于转向形式观讨论的考虑，需要对书中并非独立建筑物，而是用以说明它所处的形式关系的图片,在图注中作严格的限定说明。因此,单个的建筑物,以及单个建筑的各个不同构建,常常会在不同的章节中论及。

如果特别强调纯粹的形式,自然可能会带来一个严重的错误,即认为建筑的艺术形式和装饰形式完全是自成一体,毫无前提,它们现存的这种样貌只是偶然,但是也可能完全以其他的样貌出现。认为人的理智可以达到或掌握某种超越了民族和时代的绝对的美学,这种想法或许是一个错误。因为建筑的艺术形式和装饰形式最生动地反映了一个民族的精神本质。它们恰恰是在无目的性中,从精神和灵魂的最深处流淌出来。因此,若要理解其所有关联的知识,则需要把它们和文化的各个部分结合起来。在中国,情况尤其如此。如果我们想从这些形式本身中获得兴味,那么便不能不去研究和考虑那些基本被排除在主题之外的领域。

"有生之物不孤存,自始至终系万物。"因此本书有时候也会涉及历史、结构和哲学—象征层面的问题,讨论一些异域建筑形式的借用和影响等问题。然而有一点始终不变,那就是聚焦于艺术层面来阐释。即使联想起中国文化的一切独特性,这一点还是特别强烈而明显,即便是那些与中国相关问题有些距离的外国艺术家和知识分子,也无法抛开这些来自形式世界的深刻印象,与此同时,他们还可从中直接获得自己艺术创作的启发和灵感。建筑的形式在单纯的重复呈现中固然不易察觉,然而它们为重复再现提供了令人欣悦的典范,提供了一种当今高度发展的建筑艺术文化中年轻且生机勃勃的精神。

在自身界定的框架中,从数量抑或从范围上来看,中国营建的许多领域在本书中,似乎并没有全部收罗并加以考虑。它们有的属于"大建筑艺术"的范畴,即属于建筑规划和系统营建的范畴;有的属于如桥梁之类的群组,需另辟卷册来讨论。这儿所做的,主要是在紧凑的篇幅中,揭示中国建筑营造的那些拥有着共同根源,遵循统一观念，构成独立整体的方面。中国建筑在风格上的这种统一性，使她成为或许唯一的一个，能够在一个独立的框架呈现其广泛建筑形式的国家。形式被视为纯粹艺术性的同时，也会在美学上进行评估，该评估建立在建筑实物和大量知识的牢靠基础之上。这些知识来自身处其中与当地居民长年共同的生活，来自迄今为止有关中国的科学研究，以及对中国文化邻邦的研究。这就向我们提出了一个问题，作为我们所知所见的最终目标。而这个问题的表述之中已经隐藏了答案：我们如何寻找内容与形式、精神和物质、心灵与作品的统一性？唯有艺术作品能够作出证明。

II. 《中国建筑之本质》(1925)

本卷伊始，即已指出：建筑艺术与一个民族文化的一切领域皆息息相关，无论是可见之物质文化，抑或不可见之精神文化。事实上，任何一个艺术门类的所有作品，于一个民族的精神实质而言，都不只是一个随意、外在或多余的表达，进而言之，它们就是内容本身。民族精神的内容，若是没有形式的表现，是难以想象的。是的，很多时候，形式本身，作为一种可变的力量，反过来又对精神产生影响。从更高的程度上说广义的建造艺术的一切作品都是如此，在这一领域，人类及其社会的所有对立面都建立了协调、有机的联系；推及建筑的形式，亦是如此。建筑形式，可视作整个建筑艺术显见的，同时却又抽象的表达。建筑形式之于建筑艺术，正如建筑艺术自身之于该民族的文化整体。因而，在建筑的艺术形式中，在建筑营建中，在对给定的团块和空间的营造和完善中，我们看到了鲜活内容的最纯粹的表达，深刻而富有活力。把一个民族的内在信念，人生观和世界观用外在形式呈现出来，并且创造出这种呈现的形式，将之作为永恒存在的纯粹表现,在这点上,每个民族的能力一直是有所差别的。中国人在这方面始终保持着高水平,并将其运用到所有的艺术领域中,尤其是建筑艺术之中。

本书通过对单一建筑类型,或建筑部件类型的探讨,来考察中国建筑的形式世界与中国文化的精神基础之间的一系列紧密关联。如果说,有这样一些思想观念,由于其意义特殊,会在这里得到突出强调和鲜明勾勒的话,那么基于艺术形式和精神内容一致性的这种考察视角,会直接深入到生命和形态(格式塔)的本源之中去。越是从人类精神的根源深处来寻找形式认知的内在前提,便越是会产生一种个人信念,要从人类制作的作品中阐明人类的本质和思想。追问中国建筑的本质,某种程度上是这个任务的一部分。

若想正确地赞赏一种陌生艺术文化的价值和意义,必须首先能在这种文化上确信,它确实是对这个民族灵魂的完美表达。为此,人们必须将源自他们自己文化的那些固有评判标准,尽可能地悬置到一旁,试着从这个陌生文化世界自身去寻求对这个世界的解释。接下来就剩一个重要问题:一个民族或一个时代,以何种方式,将其精神世界的图景塑造成了他们的艺术文化,且取得了何种成就。

中国人根据宇宙图式来建立人自身和社会的秩序,在他们的建筑艺术作品中,也能映见宇宙的图景。中国人力求遵循宇宙的观念来建造他们的建筑作品。我们已经知道——中国观念中也这么认为,一切生命万象,无非是映影譬喻,所以说人类自己的造物就更是如此。在建筑的形式中,纯粹观念得以含纳和显现,与之相应的就是,人们能够从建筑营建和形态上,去了解他们的思想观念。万物并作,日月星辰,相生而不害;生死荣枯,四季更替,昼来夜往,变化有序。自古以来,中国人便将此感知为自身存在的基础,将其表现为视觉象征符号。这些符号之中,"数"的象征,拥有格外突出的意义。我们习以为常的生活和需求中，处处充满着"数"，进而还有线、面和三维空间，它们既相互区分，又相互依存，构成了建筑艺术的基本要素。人们在和谐有序地安排建筑之时，常常会运用到这些元素。和谐有序的宇宙观，以及有意识地将之转化成生命本身的形态，这二者之间紧密关联。这种关系对于根据严格的几何法则进行营建的做法，起了不容小视的作用。此外还有阴和阳，作为宇宙创生力量的两种象征，对自然、对人都发挥着作用，人们希图洞见这种力量。作为最高原则的"太极"，被认为是万物最终之源，进而又被理解为"虚"自身。此外，"阴""阳"两种力量，对立统一，相互转换，构成了完美的二元统一，并应用于一切个体。再进一步，还有一种普遍内化的魂灵的修为，最终能使人成神升仙。这些重要的观念，是人们常常在建筑物中阐明和展现出来的。院落和厅堂的主轴，被视作迎着正午太阳的神道；纪念性建筑及门厅建筑中，常常采用三轴对称分布；更进一步，房屋主位以男性屋主为中心来布置，处于尊位的神灵、王侯将相和先祖则位于建筑的中心位置，或者位于最后的上位；最后，通过对祖先乃至对在世的家族首领的供奉，让家宅与祠庙的功能等量齐观，这也体现在两种建筑相同的营造和布置上；以上这些林林总总的例子，都与前文提到的那些观念相符。

源于自然法则的建筑思想，伟大且独具一格，决定了单体建筑的形态，平面布局和立体结构，直至装饰部件。因而，梁架建筑的基本形式几乎无一例外都是如此：自成一体的梁架结构自成一体，宏伟的屋面屋顶位于厅堂之上。甚至多层建筑中，也只是作了少量的拓展。正如对大线条的追求导致中国人的建筑在平面维度无比宏大，并要求整个建筑在远眺的视角上能融入自然景观，他们也是出于这种追求，在厅堂的结构性框架之中维持了古老的、明晰的形式。人们也可以在所有建筑，哪怕是最小的建筑，建筑部件或者装饰形式的基本原则中,发现相同的这种对简单、严格的规则的遵守,即便有时候它们给人的第一印象可能显得有些繁缛,甚或怪异。与这种状况完全并行的是中国庞大的体量,是中国自始至终作为一个国家,作为历史和政治的实体的那种内化其中的伟大,即使在看似的衰落时代也是一样。正是由于其人口数量庞大,其生活极度忙碌,中国人才会有必要倾心于清晰明了的大线条,作为日常琐碎繁缛中的逃离和对立。

与这种规模宏大的规划紧密相关的,还有人们在生活、艺术,当然也包括建筑上,遵循着的另外一个方向,即试图在个体形式的图像中,描绘现象世界无尽的形色和丰富性。装饰性的建筑部件便是如此:它让线条、缘饰和平面常常完全融入建筑之中,或者像铺上了一个装饰之网一般。这种装饰常常是极尽繁复,直至有过度之嫌。这里所言之“小”与“微”,与“大”一起,在中国的观念中属于同一个整体,类似阴和阳。只有二者的结合,才能构成完满的统一性。大量装饰的运用,使得建筑有了一种生机和韵律,这是垂直和水平的僵直体系无法实现的。为了使得建筑富有生命的律动,使得各种生命力量的嬉戏在建筑中完全展现,人们需要建造中国特有的曲面屋顶。屋顶的曲线和曲面,通过装饰获得的栩栩生机,在天光云影的变化中,在碧水丛林和大地岩悬间,交相辉映,自然由此馈赠了我们无与伦比的美景。仅从纯粹形式来看,轻盈的屋顶曲线,往往会赋予建筑以私人化的优美与可爱。同时,它还能营造出先验的、超越的氛围,并指向其与其他众多建筑特征共同的本源,即宗教信仰。

中国人的生活与艺术,如我们所见,浓浓地浸润在宗教信仰之中。中国人有天人合一的观念,这种自然哲学的观念,也可归列为宗教信仰。在这些观念之中,对建筑的营建和装饰影响最大且最为重要的,便是对土地的信仰。基于这一信仰,人们修建了大量重要的建筑,如分布广泛的路边祭坛、土地造像、土地冢、土地庙。一种泛神论的思想服务于完善的多神体系，后者是前者外显的、艺术化的表现形式，它创造出了众多人格化的自然力量，创造出有灵性的自然，有灵性的风光。直至今日，我们在中国依旧能鲜活地体验到它们的存在。同样也属于造神的还有偶像化的英雄人物，它们被供奉到土地庙之中。这主要是道家思想的体现。建筑史的发展与中式生活习惯在建造技术上的实践，两者和谐统一，让人惊叹。在这种惊人的统一中，迄今依然遍布在中国大地上的住宅、宫殿、寺庙和城镇亲近大地，仿佛与土地联姻；同时，人们在建筑的营建上，向着平面延伸，而非在高度上突进；这都是道家的基本思想。道家思想还体现在，它赋予了整个中国艺术，尤其是建筑中的装饰形式，那种天人合一的内在特质。一方面，儒家积极入世的思想是道家倡导的融入自然思想的强大补充；另一方面，佛教在彼岸世界中许诺的个体之解脱。这两方面都满足了形而上学的需求。佛教追求远离颠倒梦想，儒家希望超脱外界的纷繁尘扰。它们都在用自身的方式追求人格的完善。这些思想成为了建筑营建的精神写照。前面我们描绘的建筑思想，大到通过建筑长城雄心勃勃地终结长年不断的异族侵扰，小到建筑结构明晰的秩序感、建筑装饰上严格的等级感，都同样是儒家思想的体现。佛教则通过建造宝塔表现出"离地"的诉求和摆脱对自然的依赖。佛教宝塔，固然是在建造思想上借鉴了中国古代楼台的形式，然而却只是在宝塔这种全新的形态中，才成为了个体追求解脱和极乐世界的真实表达。

　　这里简要描述的儒道释三家的基本思想，已经表明它们都有意识地限定在特定的认知序列中，而必须舍弃那些怪力乱神的思想。中国人意识到，尽管人类的精神和各种经验中蕴含着一种统一性，就像他们思想中的儒道释那样，但是在一些个别现象中还是存在着无法克服的矛盾，那些对立的力量，在现实生活中打乱了单调的统一。

没错，人们会看见不合逻辑、变幻莫测的事物，甚至显得极度真实，它们不可思议又出其不意地出现，简直像是源于超乎人类理解的神怪力量。这些认知在他们建筑的结构和装饰中同样也有所体现。前面已经多次指出，中国人有时候会让一些结构敞开，以便形成一个稳固的、开阔的类似大厅的印象。命运不可见，亦无法自己来掌控，此种力量，民间称之为幽灵和鬼怪。它们在建筑营建中也有纯粹艺术化的处理：牌楼、楼阁、结构和屋顶那些让人惊叹、让人着迷的轮廓；即便墓葬中也存在的曲线和曲面；蹲坐在路口、桥头、入口处，作为看守的那些人或动物的造像；屋脊和屋面上大量生动的装饰。鬼怪与守卫同时存在，从中就表现出了，即使人类最精巧的造物也被无常命运所玩弄的意味。在基底平面、上部建筑和装饰部分的精心而有条不紊地排布构造的基础上，总是漂浮着游魂鬼怪的那个王国。

所有这些自然的力量，也决定了我们的生活，且在艺术形式中得以呈现。人们了解了它们，便会获得内在的解放，甚至很大程度上出现一种优越感。带着这种优越感，中国的艺术家们，在哪怕建筑的装饰上也发挥着他们的创造力。由于他们始终以内心为尺度来工作，故而常常能抛开纯粹模式的重复，甚至抛开对自然本身的模仿，总是创造出独特之物，从而保持着鲜活的艺术性。由于他们描绘的是万物之本，故而能够自由运用抽象概念和风格程式，并有勇气沉浸到细微之处，装饰之中。

中国艺术匠人有着强大的内在信念，娴熟的技能，故而能够把那些来自四面八方的外来影响，几乎完全消化融入到自己的风格之中。然而，正是这种内在信念的强大，也让中国建筑和艺术的形式变得几乎是千篇一律。中国建筑和艺术的形式虽然在单体建筑上呈现出丰富性，但与欧洲建筑艺术发展相比，还是显得相当单调。这一点在历史沿革上如此，省与省之间建筑风格的变化亦如此。人们确实可以看到这种变化，并倾向于把它与民众性格的地域变化并举。然而，恰恰是这种在生活、精神和艺术上几近完美的中式风格，最终妨碍了中国果敢地采用新方法，走上新道路。而对我们欧洲人而言，却是在相对短得多的时空中的必经之路。尽管存在上述这种阻碍，我们还是可以非常清楚地看到，中国建筑作为民族本质呈现的这一正面特征。中国人放弃了建筑的高耸和恒久，也不给改建预留空间，而是将其紧紧贴着大地展开，但是这却成为内在精神性艺术和强大坚韧性的源泉。中国建筑布局在平面上的延伸，强化了大线条的感觉。我们原有的空间观念中，一眼便能够把握住有限的建筑体。中国人为我们的空间概念加入了同等重要的时间的维度，也就是移步易景应接不暇的效果。与此联系最紧密的是建筑在景观中的布局，中国人所达到的极致的完美，其他任何民族都难以望其项背。中国人也放弃了独立立面，放弃奢华宏大的内部空间，从而保持了厅堂严谨的统一性，成为中国建筑的象征性符号。最后要说的是，中国人深谙与自然相处之道，将天地大道式的自然哲学和宗教思想融入其建筑的营建之中，直接表现在装饰形式之中。

从欧洲人的角度来看，中国人达成这些的方式相对素朴和简单。然而正所谓"思想之伟大无需方式之伟大"（Größe der Gesinnung braucht nicht Größe der Mittel）。他们全然能做到如此，亦无需牺牲掉艺术的真挚和可爱，虽然我们的水平也很高，但于我们而言，中国人似乎更是天才的建筑师。内在本质与外在现象的统一，存在与创造的一体，是中国艺术深层奥秘所在。"无内，无外，乃因内即为外。"

人们无法抛开这样一种看法：中国建筑艺术，虽然时至今日还在享受着几乎可称为古典的旺期，但显然已经经历过了它的最高峰，并在形式的发展上几近枯竭，原有道路上的推进也无法适应新的时代,因为在中国,新的观念也需要有新的表达形式。毋庸置疑,建筑艺术领域的变革也会来临。而她会沿着什么方向发展,何时会终结,对此我们都无法预测。但是人们可以相信,中国的建筑师会在一个很高的水平上,独特而卓越地形成和发展出未来的风格。

三、《中国建筑艺术》(1912,1926)

编者按：1912 年 6 月 4 日至 7 月 20 日,在德意志皇家工艺博物馆的前厅,以"中国建筑"(Chinesische Architektur)为主题举办了特展,对德国建筑师、汉学家和艺术史研究者鲍希曼 1906—1909 年中国建筑考察和研究的成果进行了展示,主体部分是中国建筑的测绘图和照片,亦有来自德国博物馆和私人收藏的实物。鲍希曼为此次展览撰写了"特展导论"(Begleitwort zu der Sonder-Ausstellung)《中国建筑》(非正式出版)。

1926 年 10 月 24 日至 11 月 11 日,法兰克福艺术协会再次举办了题为"中国建筑艺术"(Chinesische Baukunst)的展览,此次展览的主体内容,即中国建筑的测绘图和照片,与 1912 年所展出的内容基本一致。值得注意的是,此次展览借助了德国博物馆和私人所藏的中国绘画,来展示中国建筑艺术与景观的关系。此次展览亦有来自博物馆和私人收藏的中国雕塑、青铜等实物。1912 年所撰写的"特展导论"再次单独印刷,题为《中国建筑艺术》。

编者对照德国柏林国家博物馆摄影部馆藏的鲍希曼的建筑照片目录(这些照片主要来自鲍希曼 1912 年"中国建筑"展览之

后，转交给当时柏林工艺美术馆图书馆收藏），结合鲍希曼正式
出版作品之中的照片和建筑测绘图，补充了一部分插图。

中国建筑艺术之研究——受帝国①之委任，笔者专门致力于中国
建筑艺术之研究，为此而踏访了该国广袤的国土。所采集的建筑测
绘图和照片，涵盖了中国十八行省中的十四个，并辅之以大量细部速
写和草图，以表现中国建筑对色彩的使用。来自其他收藏者的实物

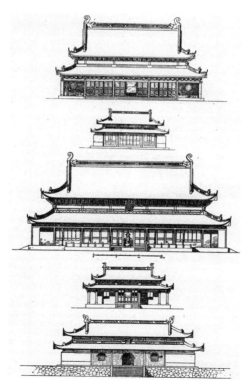

图 1　浙江普陀山法雨寺主殿布局

---

① 译注：德意志第二帝国，1871—1933。

和图像，大大丰富了此次展览的内容。展板依据建筑群和建筑类型进行了合理的安排，旨在把那些在中国建筑研究中所收获的诸多面相，更好地呈现出来。以下讲述试图勾勒出一幅图景，使得中国建筑得到自身应有的理解。

中国建筑艺术研究的目标：近则在这一异域形式世界独立的美学价值；远则指向它在艺术史体系中的地位和重构性价值，因为我们今天的艺术史体系，是在欧洲发展的基础之上而独立建构的；最终则是要为理解人类整体的文化思想提供案例。

这些草图旨在提供一些依据，说明中国建筑的各种类型分类，及其在美学上的主要价值。

中国建筑的原初形态——只要我们触及中国建筑的形式研究，原初形态的考察就是顺理成章的事情了。很大程度上，中国建筑的形式，在它们的原初形态之中便已然存在。中国建筑受到印度和西亚的重要影响，尤其是寺庙布局，以及新建筑类型的引入，集中表现在装饰和雕塑方面。因此每位研究者必须相信，外来因素的影响在中国建筑的发展中占据着重要位置。然而就像是对每一个外来元素的运用，也恰恰是这一特质，证明了中国艺术的独特性。因为它对每一个元素进行了根本性的改造，在它们身上完整地刻上了自身精神的烙印。中国人素来乐意接纳外来思想，只要这些外来思想于他们而言是能够理解和可充分糅合的，但是，他们最后还是会强有力地，完全将之与自身的风格融合为一。

国家的自然地理，民族的秉性，历史的进程以及精神生活的发展，造就了中国人对自己在世界、国家和家庭中地位的理解，这种理解明晰、合情合理且简单。这一观念拥有令人惊叹的有效性，以及少有的包容性。而且，这一客观、现实、指向现世的感知，成为了一个源

泉,由此,就其所要呈现的思想而言,艺术造型的需求,获得了最澄明
和可靠的表达。这集中表现在建筑选址的平面布局,以及建筑物的
独特结构之中。

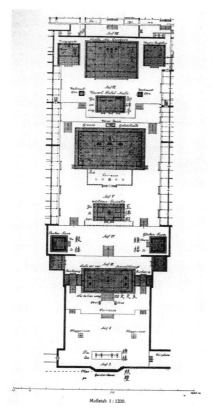

图2　浙江普陀山法雨寺主殿和院落平面图

平面布局——平面布局之特征是在平面上大范围的铺展,建筑
群依次排列,营造出雄伟的效果,而我们则是通过砖石相互叠加来实
现的。沿着长长的、多为南北指向的中轴线,依次分布着大门、院落、

殿堂，其核心要么在整个平面的中央，要么在末端。在发展成熟的建筑艺术中，庭院是由侧殿和回廊围合而成，大门尤为突出，而中轴线有时则有三条。

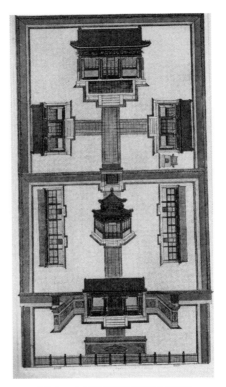

图3　李鸿章祠的平面布局图

　　结构——建筑架构自身还是完全的木构，以木柱承重，其最简化的形式与木构时期的古希腊神庙很大程度上相类，只不过这些支架发展到后来成了石造构件。于欧洲而言，被传承下来的只是后来发展出来的这种模式。无论是中国寺庙还是古希腊的神庙，二者共同之处都是相互联接的回廊，这种开间在中国寺庙中常常是三开间，基

座和架构开间亦如是。二者的根本差异,以及两种风格各自的独立
性有一个确凿的特征:那就是中国式大殿的入口原则上安置在建筑
的阔面,而希腊神殿则是在山墙一面(窄面),因此主轴线与建筑之间
横向交错。如此一来,具有重要意义的并不是山墙,而是屋面,以及
整个屋面发展过程中形成的构造。屋面搭建借助砖砌而成的交叉拱
以及连接柱子的大量肋条,从而在正立面上增加了垂直的高度。它
与横脚线、屋檐、屋脊形成的水平方向的力,通常再加上两三级的台
阶之间形成一种平衡。垂直方向和水平方向的韵律感,比起希腊模
式程度更胜一筹。借助重檐或三层屋顶,以及在两层之间插入新的
垂直高度,它承担起了一个重大的提升。借助建筑线条和组合这一
清晰可见的部分,形成了整个建筑的架构,进而为赋予建筑艺术生命
的装饰进行了铺垫。

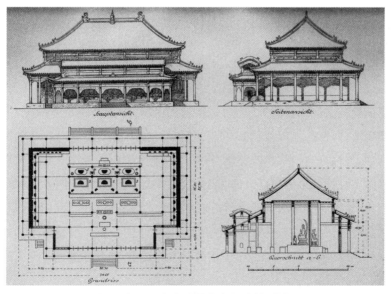

图 4 山西五台山显通寺主殿建筑测绘图

图5 山西五台山显通寺主殿

　　建筑的艺术生命——建筑艺术生命的获得凭借的是消融那些不计其数的各个建筑构件的边界线，如屋檐、屋面线和墙角这样一些地方。柱子极少会以雕塑为饰，就像在湖南省所见的那样，通常人们宁愿选择一些光滑的石料，展露其线条的力量感。另外一个因素便是平面处理上的丰富装饰，首先是屋面和山墙，然后则是正立面，全部使用窗户，窗格上极度精致华美的图案。对于单个建筑构件的单独处理，如栏杆、台基、悬臂托架，有各自艺术性的处理要点。纪念碑意义的风格样式显然是巨大的斗拱，形式多样，由大量单一的木构件组成，但是也有一些用其他材料仿建而成的。除了结构性的目的，即承托向外挑出的屋檐，还有其他的用处，那就是切分长长的墙角线。室内和走廊①裸露的梁架完全使用的是木构技术，雕琢并上色。平面的

───────

① 译注：Vorhallen，门厅、前厅，古希腊神庙的穿廊，这里对应中国建筑应该是台基之上、屋檐之下的建筑空间，故译成"走廊"。

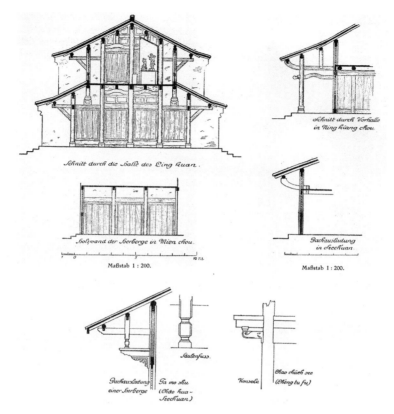

图 6　四川成都青羊宫灵关殿梁柱结构

花格平顶①被大量使用。最著名,同时也是最引人注目的中国元素应该是飞翘的屋檐和曲线的屋面,正是它赋予了整栋建筑、整个场所以突出的艺术目的。在一些简易的建筑中,其踪迹几近不可得见,然而在一些高等级的营建之中,譬如重要的宗教性和国家礼仪性的建筑之中,以及在中国中南部地区,却发挥着异常重要的作用。

———
① 译注:唐朝叫覆海,宋朝叫斗八,明朝叫顶格,清朝叫顶棚。李渔在《闲情偶寄居室部》中写道:"精室不见椽瓦,或以板覆,或用纸糊,以掩屋上之丑态,名为顶格。天下皆然。"

图 7　湖南长沙府陈家祠堂

图 8　热河避暑山庄的木藻井

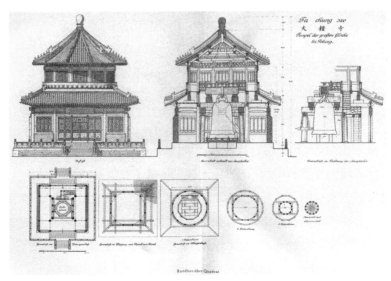

图 9　北京大钟寺的建筑测绘图

图 10 帝陵的花格平顶

图 11 湖南寺庙的大雄宝殿

形而上学的气质和宗教氛围——通过装饰以及对单体构件边界整体性的融合，为一成不变的美的典范，注入了活泼的内容。这样的偏好，无疑是一种习俗，即无论何时何地，以至于生活的细微之处，都将形而上学的气质和宗教性的氛围含纳进来。灵动的线条和曲线的屋面，与大量渗透着自然主义气息的装饰一起，成为神人之间玄妙关系几近完美的表达方式，正如我们在哥特式和巴洛克式建筑中所见。

图 12 四川灌县文庙主殿

与自然的关系——对神秘主义的偏爱，在中国人宗教相关的事物之中具有独特的地位，就像他们在现实生活领域中的冷静清醒一样。这种神秘主义的倾向集中表现在他们与自然的关系之中。国家和民众的宗教直至今天很大程度上还是一种自然崇拜，扎根于某种泛神论的信仰之中。这种信仰表现为一种成熟的多神信仰的特征。它仍需一些人格化的艺术方式，赋予自然以灵魂的神和灵，对日、月、水，尤其是大地和山岳的崇拜。那些景色秀美之地的崖谷中，不计其

数的山寺、崖寺和洞窟、雕塑、碑刻，无一不表明中国人对自然的内在
喜爱。对近处和远处环境持之以恒的考量，使得中国人将他们的建
筑选择，小到路边的土地庙，大到皇陵和城市的营建，用某种能够有
效含纳福祉的手法融入到自然之中。任何时候到中国的游客都会感
受到这点并心生钦佩。

图 13　四川叙州府半边寺

与自然的协调——中国建筑与自然之间所达到的和谐，首先得
益于建筑样式之中活泼而恒久的韵律，其次是建筑适度发展的高度，
再次则是对颜色精心的使用，最后便是此前已提及的，作为第一位审
美要素的曲面屋顶。值得强调一点的是，尽管中国建筑和景观拥有
着无限多的丰富性，但在对其视觉之美的长久享乐之中，明显呈现出
了某种均衡的极限。也许这恰恰可以归因于其完美的统一性。生命
的终极完满是死亡。这里，于中国人而言，他们执着于自然，却失去
了热情洋溢的自我，在我们西方人看来，这是中国文化所特有的。我

们西方人欢欣鼓舞的是，让我们的建筑卓卓超越自然，而中国人则是让他们的建筑适应自然。这导致他们在人格的独立上受到削弱，但却因此获得内在的宁静，他们将其艺术作品变成和谐本质的形象表达。

图 14　广州白云山能仁寺

象征——中国人需要表达他们与自然之力之间的紧密关系，表达他们对自然的依恋。他希望在艺术之中获得恒久的昭示，应运而生，便是中国建筑艺术具有普遍的象征性内容。

二元论——最受喜爱和最著名的意义图像，是"阴阳"这一相互独立、相互作用的二元力量，他们的交互影响本身就是自然的完美合一。在不计其数的装饰呈现之中，在建筑的平面布局之中，在单体建筑和建筑的构件之中，如三开间的门，直至对大尺度范围的建筑群如寺庙、圣山和帝陵的理解之上，都可以看到这一思想。最为突出的运

用莫过于二龙戏珠这一古老的母题了,与之相随的还有大量神话和
富有寓意的动物,值得一提的如凤凰、麒麟、狮子、大象、老虎、乌龟和
蛇。中国的古老象征"阴阳",周边环绕着八卦,也服务于这一思想。

图 15 广州屋脊

图 16 山西太原汾河畔独角兽

图 17　北京万寿山桥头的狮子

数的象征——数字象征存在于包括中亚和印度在内的整个东方世界，卦则使得数的象征变得更加精微。许多数字有着哲学和宗教上的意义，在艺术之中不断地被使用。大规模的建筑选址常常完全据此来布局，尤其值得一提的是国家祭天、地、日月星辰的祭坛，圣山（四大佛教名山和五岳）上的寺庙，令人印象深刻的热河的喇嘛庙，即位于直隶省北部的前朝皇帝的夏宫。宝塔是中国和印度精神的融合，或者直接说完全源于其印度的典范。数字象征最明显的表现则是在组塔（群塔）这一建筑艺术之中，如北京五塔寺、黄寺和碧云寺的金刚宝座塔。四方、八方、中央、天地、日和年、月和月相——这里只是列举主要的要素——它们的意义对于建筑，视觉艺术都至关重要。如果从纯美学的角度来讨论中国的造型，那么有关它们的知识是必需的。以上所提及的每一种元素，在下面所及的这些情形之中都是特定的,有所规定的:坐北朝南的轴向;平面布局的单元切分、门和庭院的秩序、建筑的递进和高度、从单一的建筑形态,甚至是某一重要时刻的建筑形态;中国人生活方式的发展,因为其生活方式与建筑紧密联系在一起,同时又对建筑的布局产生影响。

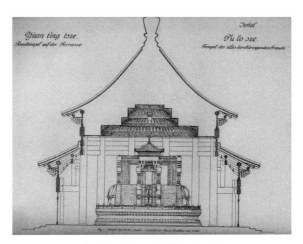

图 18　热河(承德)普乐寺

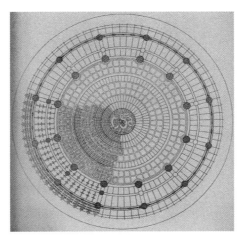

图 19　热河(承德)普乐寺

图 20　北京黄寺金刚宝座塔

图 21　北京碧云寺金刚宝座塔

图 22　北京五塔寺宝塔

　　寺庙与居室之中祭坛(祭台)、楹联和碑文、神像和祖先牌位，甚至是家具和器具本身，它们的设置和布局，以及家族和官方的典礼和宗教生活，无不遵从着这些富有象征意味的思想，正是这一思想，使得中国建筑众多的组件形成一个统一的整体。

图 23　福建福州鼓山涌泉寺

　　装饰——在建筑艺术之中，正如所有工艺美术一样，除了使用象征性题材，还有用到其他诸多类型：万字符(卍)和各式各样的回形纹和网纹，用作雕饰纹样和平面填充，然最为重要的是它们是富有生气、带有自然主义特征的形式。这些装饰从属于稳固的大结构框架，在那些最为丰富和最为精致的构造中，始终作为整体的构成，同时亦作为整体的切分。这种恰如其分的张力，在建筑学上是一个确凿无疑的特征，让我们处处能感受到中国艺术创造力的丰富，并且因之而感到愉快。为了追求无限的简洁和明了，广泛地使用对称性布局。

这赋予了建筑，就像单个装饰一样，某种鲜明且极具纪念性的特征。四川和中国南部建筑中大量的装饰，常常达到优雅的高度，使得一成不变的建筑体系成为一件栩栩如生的艺术品。所有的装饰为自身，也为彼此而存在。

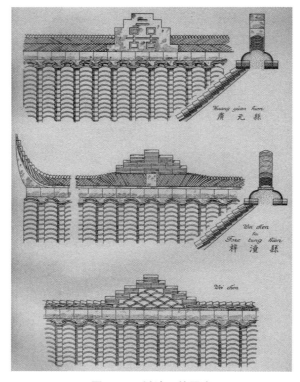

图 24 　四川地区的屋脊

网状图案——网状的装饰图案是一个例子：在中国，纯粹的几何平面样式实属罕见，诸如窗格，实则源于西亚的影响。中国与西亚这两个文化圈之间差异甚大。当西亚和印度完全满足于纯粹几何线条的时候，中国人却执着于自然的形态，通过多重椽子增加构件交汇

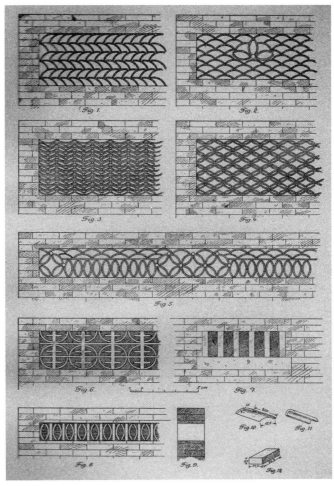

图25　山东地区墙脊

之处的整体性,通过栩栩如生的雕塑来填充一些小空间,从而赋予建筑以生气。各种建筑材料各得其所,遵循着各种构造关系,同时融合了手工的娴熟和富有想象力的木雕,让人想到哥特式建筑的工匠们。

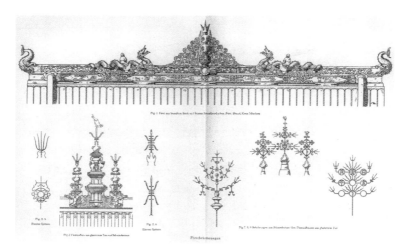

图 26　屋脊装饰

图 27　浙江宁波屋脊装饰

图 28　陕西庙台子屋脊装饰

图 29　重庆住宅的门

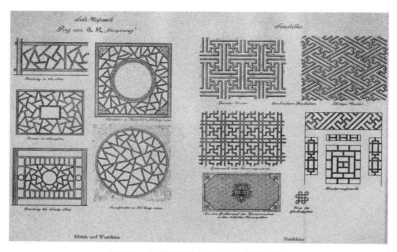

图 30　中国建筑上的几何装饰纹饰

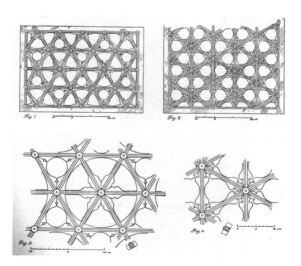

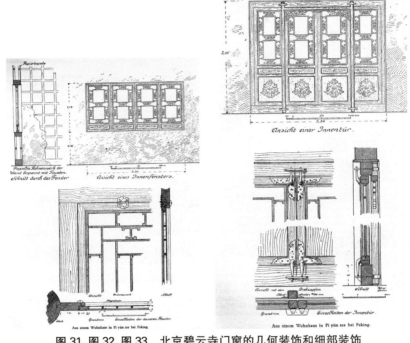

图 31、图 32、图 33　北京碧云寺门窗的几何装饰和细部装饰

木雕——这里大体上作为原则来认知的东西,即装饰之中的生活,在建筑之内和之外的木雕上可以得到更好的体现。整个国家,所有省份,各式各样的楣梁、柱子、门框和空间的填充,其装饰都以整木雕刻而成,蕴藏着无穷无尽的想象力,是建筑正立面的重要构成部分。就连北京街头简单的商铺也是雕饰满眼,尤其是那些两三层的商店,有时候甚至还在表面镀上金。在宁波,整条街道都布满这样的建筑。而最为辉煌的要数室内空间的木雕艺术了,它常常只是作为经济考虑的附带母题而出现,把粗犷框架的缝隙填平,并使之光滑;其次楣梁,对整个隔墙进行填充;再就是对居室之中的家具、桌子,尤

其是寺庙之中的祭坛进行装饰，祭坛自身常常完全消融在装饰的形式之中。

图 34　柱子上的木雕

图 35　浙江普陀山的木雕

图 36　浙江宁波商铺

图 37　浙江宁波福建会馆天后宫

图 38　广州陈氏家祠的祖堂

祭坛与雕刻——祭坛,作为一个整体而略显秘密的空间,最简单的形式只带华盖,用来供奉神像和摆放祖先牌位。祭坛是最为纯粹的,最为虔诚肃穆的艺术,数量众多,形态各异,整个国家处处可见。祭坛上可以看到许许多多的人物造像,通常是纯粹小造像,与浮雕和雕塑以某种特有的方式融合在一起。这已经可以让中国雕刻艺术的本质表现得淋漓尽致了,即建筑完美的附属,中国的建筑与雕塑几乎完全是联系在一起的。因为这些浮雕没有获得我们西方意义上的独立地位,很多时候它们只是在其所在的家具和建筑之中才彰显其存在。因此,细致入微的加工和自然主义,在加工伊始便被打住了。整个构图从一开始就根据其最终目的而安排的,而就尺寸比例和明暗对比而言,重要的是建筑学的尺度,而不是我们所理解的独立的雕塑艺术。

图 39 　福建福州鼓山涌泉寺祭坛　　　图 40 　四川灌县伏龙观李冰像

　　石雕、陶件——映入人们眼帘的雕刻艺术常常是石雕，雕刻在栏杆、基座、宝塔、祭坛底部台基，抑或是其他的平面之上，如北京南口关隘的蒙古风格的门（译注：即居庸关云台），甚至也可以大到崖壁雕刻的石窟。特别值得注意的是陶制构件的使用，处处可见，或土或釉，大范围的被用来装饰墙面、山墙，尤其是屋面的装饰。于雕刻的明暗和深浅而言，绝对均衡的标准：或取决于雕刻是否能够布满整个平面，如山东青杨树小庙美丽的山墙，用烧制坚硬的青色陶制雕版建造，图像内容来自神话传说；或取决于众多材质和内容是否能够在建筑上融合为一个整体，如四川奢华的屋脊上，立体呈现的龙、花草纹饰、带有象征的文案和人物造像，以及被折成为两面的，由漆板、陶和釉面陶瓷瓦片构成的屋脊雕刻。

图 41、图 42、图 43、图 44　北京南口居庸关云台

图 45、图 46　山东青杨树山墙雕塑

图 47　四川屋脊装饰

风格化——为了使各不相同的雕塑内容获得建筑上的整体性效果，杰出的风格化的能力不可或缺。这种能力即：对一件已完成的作品进行评价时，暂且悬置对其必要和典型部分的阐述，以便使得这些部分能够适应现有的条件和艺术的目的。中国人是这种风格化的大师,尽管他们是自然主义的,不过,或许也恰恰是他们的这种自然主义。"自然主义"这个词仅仅只是表明特定的风格类型,并非与其所指对象一致,当然这种一致也是不可能的。但是与传统程式和学术僵化不同的是,这个词确证了艺术真理和独立创作二者对立面的意义。

谐趣——独立且快速理解一个对象的特征要素,还需要知晓场面诙谐和幽默的意义,这也是中国人所擅长的。为此,中国人喜欢根据诙谐幽默的一面,在艺术之中将某个特定的母题风格化,不仅仅如我们所见,在图像之中,同时也在建筑之中。神话和象征性的动物造像能够很好地说明这点。常常蹲坐在寺庙山门前基座之上的石狮[1],或许能够提供这一母题有价值且诙谐使用方式的理解。诙谐是艺术的兄弟。

图48　山西太原大悲寺山门前石狮

雕塑——雕塑在中国,通常只是用于坟墓神路造像(译注:即翁仲、像生),其最古老的形态可以追溯到上古艺术,也见于随着佛教传入中国,然后广泛流传开来的佛教造像。它们最庄严的形态多出现

———
[1]　译注:可参见鲍希曼《中国石狮》一文,Steinlöwen in China, *Sinica* 13. 1938, pp. 217—224。

在宗教的、非人格化的庆典之中。它们近乎为一种程式，与那些栩栩如生的中国艺术形成对照，貌似可以作为一个证据来说明，雕塑这种类型对于中国人而言，本质上是陌生的，或许因为它们并非从内在心灵生发而创造出来的。只有那些主神的侍者，才以现实主义的方式来表现，尤其各地的十八罗汉，如山东灵岩寺十八罗汉，与真人高度相似，近乎风俗画一般，同时富于艺术性。与宗教无甚关联的历史人物的雕塑，于中国人而言是不存在的。若是将其父辈和宗祖的全身像雕刻或木刻出来，恐怕将会是一种亵渎，不断观看会带来不安，或者完全放弃观看。他们以别样的方式表达纪念，唤起他们与自然的内在关系。

图 49　北京十三陵神路上的雕塑

图 50　山东灵岩寺罗汉堂的雕塑

祖先崇拜——人的统一性的感知,他们的创造物与自然之间的关系,建筑与景观在建筑中表现得最为明显,这也是中国人所特有的,即祖先崇拜,对他们起源的感恩。应运而生的是祖庙、坟墓、牌楼、纪念性拱券和纪念碑。所有的这些建筑都扎根于土地,扎根于逝者的家乡,且始终将自然景观的影响纳入考虑之中。有时候,众多墓地连成一大片,或者沿着道路分布。多数墓地还是在平地之上,成为景观之中的点睛之笔,有时也有依山而建,或沿河岸,或傍海岸,且四周为松柏所环绕。建造别具艺术之用心,即便是贫寒之家,也隆重地为逝者的灵魂选择安息之所。生者往往是最拮据的。

图 51　广西牌坊立面

图 52　广西路边的牌坊

图 53　福州墓地

宗祠——富裕之家的宗祠,常常是极尽奢华,内部空间和祭坛引人注目,装饰繁复,色彩绚丽,金光闪闪。附属的庭院,依中国最精致的园林艺术布局,大殿和亭子,成为家庭和他们客人的汇聚之所。建筑外部也是别具一格,屋顶和屋脊上的雕刻,柱子和用木构填充的雕刻,都是精心打造的,共同修建宗祠,能够使家族更为紧密,表达对共同先祖的至诚之敬。宗祠的平面布局与生者的住宅完全一样,尤其是与外界保持着审慎的封闭,亦同。

祠庙——祠庙与宗祠相类,与供奉先祖不同,它是用来纪念先贤圣人的场所。更确切的说,它们是民众的共同财富,对访客而言,是可以进入的。它们的共同之处,就是对那些众所周知的事件进行着某种提示,以及在平面和构造上都有着礼仪性建筑的特征。最为典

图 54　湖南醴陵祠堂入口　　　　图 55　四川宗祠入口

型的代表就是纪念孔子的文庙。在文庙之中，与孔子本人的具体联系逐渐减弱，已经成为儒家庆典的礼仪之所。老子的历史地位本身就存在疑问，真正为老子所建的祠庙很少，只是逐渐辗转到纯粹的道观之中。道观有自己建造规则。

图 56　山东曲阜孔庙大殿

墓葬——墓葬，最简单的形式是平的，或起一个小冢，如果墓主是贵族和王侯将相，墓冢尺度便会上升到非常大的规模。墓冢或起于广阔的平地，单独起冢或家族成员共同起冢，或借山为冢，在中国南方削山借势，将坟墓修建成马蹄形。比较好的做法是脚下筑墙环绕，整个墓用砖砌冢，然后用围墙围合起来。墓冢前面，立石碑，将逝者的名字镌刻其上，墓碑前通常是一个平台，设有供奉的祭台和祭器。大规模的墓地，设有带桥的神路、石像生、大红门，墓冢被松柏环绕。汉代在神路的起点设有双阙。墓碑其质为石，其宽通常沿着墓冢的立面扩展开来，其上雕刻繁复，富含着象征性和历史性的诠释。

图 57　四川坟墓

这类墓葬在整个国家的路边和村庄附近处处可见。而最为显耀的当属皇家陵寝。这些皇家陵寝被松柏环绕，背靠高山，紧依长城脚下。每一座陵墓都以数量众多、传统风格的寝殿为终点。这里很大

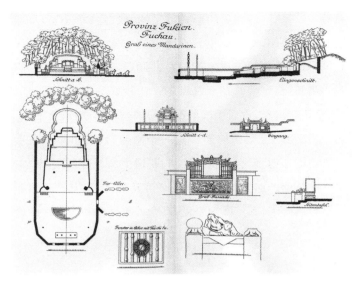

图58　福建坟墓

程度上是墓葬和祠堂的结合，有时候在一些重要的历史人物墓也可
以见到类似的情形。帝王陵寝，极尽奢华和纪念性，其艺术之用心，
当然是无与伦比的，最为上者可堪与该墓地上宏大牌楼和主道牌坊
上的雕刻相媲美。

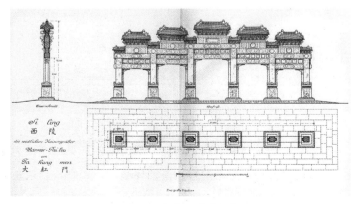

图59　直隶西陵大红门

　　牌楼——牌楼通常用石料单独建造，以纪念家族中值得表彰的男性或女性。它以与家族宗祠相似的方式，成为各类艺术和传递信仰的载体。这一母题在中国自古有之。毫无疑问，最古老的门楼和牌坊是木构的，今天也依然大量地存在着。对于纪念性的追求，促使人们用石头来建造它们。但是人们保持了最简单的古老的体系，变化甚少。然而还是形成一些相互之间差别非常大的样式。"冲天柱式"（"柱出头式"）无疑是一种古老的形式，例如典型的代表就是孔庙和太庙的牌楼，以及帝陵的"龙凤门"。"楼顶式"（"不出头式"）为营造规模宏大的牌楼提供了更好的可能，流传范围也更加广泛。两种形式相结合的牌楼也常常可以看到。

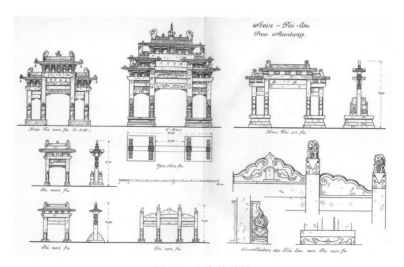

图 60　山东的牌坊

　　牌楼鲜明地表现出了中国建筑的特征，即两种基本思想的融合——简单的基本框架形式和繁复的装饰的合而为一。在几乎可以被看作纪念性雕塑家乡的山东省，人们可以看到最多最美的这类遗

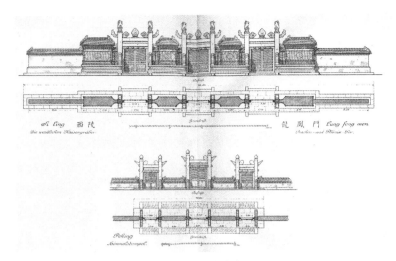

图61　清西陵的龙凤门

迹。夹杆石、楼柱、额枋、花板上面琳琅满目的雕饰，也有人物故事。然而它们并非以自身为目的，而是有所节制，用来烘托出建筑物所要达到的建筑效果。也存在大量朴素的、无甚装饰的牌楼。

图62　山东的牌楼

建筑风格的演变——牌楼提供了一个非常好的案例,用来清楚说明建筑风格随着省份的变化而变化。对北方而言,比例关系简单且简洁,线条和比例的切分明晰,甚至略显几分生硬,雕塑风格浑厚有力。从陕西到四川,人们可以看到纤细的比例,屋顶带有向外挑出的屋脊线,雕塑则更为优雅和绚烂,且自由使用各种丰富的题材。在这些省份的西部,有许多罕见的形象,明显是受到来自西藏的影响。在湖南,建筑的比例关系向高处垂直发展,几近夸张的优雅,水平方向上被拉紧,垂直方向上简直让人毫无准备。湖南人自觉地培育了自身的独特性,某种与生俱来的刚性,其稳固庄重或许是数量可观的北方艺术所缺少的。在南方,广东和广西,在繁复的、作为附属的纹饰之中,印度的影响显而易见。除了这些各种各样的形式之外,毫无疑问,北方所特有的那些基本形式在整个国家都广泛传播开来。单间或三间,用以表达恩慈的牌楼,被用作寺庙和私人住宅砖墙门框的浮雕装饰,这种做法在北方不曾见到,而在整个中国的中部和南部都

图 63　四川地区的牌楼

存在，湖南和四川尤为常见，此外，这里的墙角线和壁柱镶边常常在四周贴上青花瓷片，与屋面向外挑出的轮廓分明的飞檐一起，共同塑造出了华丽而烂漫的效果。

图 64　湖南的牌楼　　　　　　　　图 65　四川地区的牌楼

牌楼浮雕这一题材，尤其是在四川，还发展成为这样的一种形态，即成为幅面较宽的整个石构立面的切分。一些实例表明这是我们西方意义上立面构造的开端。但是中国人并未在这条路上继续向前发展，因为就他们的艺术观念而言，将立面从建筑的机体之中剥离出来，作为独立的部分进行构造，是不合宜的。

纪念碑——纪念先贤圣人，除了牌楼之外，还有纪念碑，它们一样都处处可见。最简单的形式有如墓碑，最复杂的形式有如牌楼式。它们通常雕刻得非常漂亮，尤其是在山西和陕西这两个省份，在那里，以古代砖石建造的技术，用陶板和砖来制造出了精良的雕刻品。

图 66　陕西地区的纪念碑

图 67　陕西的纪念碑

宝塔——陕西、山西和河南曾是中国古代历史的舞台，必定也是受到印度和西亚文化影响的前沿阵地。毫无疑问，宝塔这种独特的中国建筑形式，是古老中外思想融合发展的结果。宝塔与印度有着紧密联系，与佛教信仰有着独特的关联。此外，所有的宝塔在"福地"这一观念之中发挥着重要的功能，"福地"也可以称之为"风水宝地"，源于中国古老的观念。但是，山西也有一组特殊的塔柱并非出于佛教的用途，而是独立被使用。至于那些形式构造发展充分、精致的大型宝塔，有着鲜明的中国特征，与印度塔迥然有别。然而，直至今天，印度塔始终被视为中国宝塔的直接典范，人们倾向于认为，中国人的创造力很大一部分有赖于这一建造的观念。大量引人入胜且建造精良的木构宝塔，可以直接放入多层的中国亭阁序列之中。只有那些用石头营造的宝塔才与外来形式在外在形态上比较接近。因此，只是纯粹的印度影响，完全不能解决这个问题。瓶塔，以及其他有确凿证据可追溯其外来起源的，有时候甚至就是以印度塔为模型建造的特例，则另当别论。尽管存在大量的外来题材，但是就宝塔的线条、

图 68　陕西西安小雁塔　　　　　图 69　山西五台山瓶塔

砖石营建的建筑韵律和细节而言，一直都完全是中国的。

图 70 河南开封级塔

　　宝塔之美——宝塔，就其纯粹的艺术价值而言，是非常重大的。其体量，能够达到 60 米高，具有显而易见的安全性，进行了出色的层级划分，细致地考虑到层级的间隔。所有建造构件都用得恰如其分。塔层，或每层等高，或者向上逐渐收分缩进；塔檐或简单或叠层；坚固的实心柱身，或收分或略微鼓起；或角柱或线条分明的镶边；塔身或笔直向上，或建有檐口线和塔檐，有着活泼灵动的曲线；或顿或尖的塔冠；塔基层次分明，常为具有保护作用的回廊所环绕，或独立的半高回廊，或直接从地面而上，一直到塔顶。然而最富魅力之处莫过于这样一种和谐：塔檐飞跃的曲线，塔身分散的轮廓线，这些线条的存在使塔身的整体性和塔层层级区分之间得到了一种完美的平衡。这又是一次自然的复苏，通过视觉张力的游戏，使得原本僵化的形式得以重焕生机。对此，最好的诠释莫过于两座宝塔：一座是位于山东幽僻山间、优美动人的灵岩寺宝塔；另一座是北京天宁寺庄严的天宁寺宝塔。

图 71　山东灵岩寺宝塔　　　　图 72　北京天宁寺塔

宝塔之形态——宝塔形态之间的差异甚巨：既有结实粗犷的方锥柱型宝塔，塔层逐层收分，可见于陕西、山西和河南建造年代较早的一些宝塔；还有塔身纤细，且带有略微隆起的部分，且通常为六边形和八边形的密檐塔。最简洁，没有过多细节，要属山东兖州府的砖塔，这些宝塔符合我们西方人的感知模式。在北方，塔的情况与牌楼有些类似，体量甚大，带有特定的纪念性，塔层分层严格，线条硬朗；而在南方，线条更为柔和，宝塔形态更优美且富有烂漫气息。宝塔虽也并不缺少北方形态，可是跟牌楼的情况一样，典型性特征很少，如果放到整个建筑风格演变的背景之下来看，它们也并不典型。

在开封，矗立着一座庞大而坚实的六边形宝塔（见图 70），其建造过程明显是被中断了，只是临时草草以一个并不怎么协调的塔冠收刹。整个塔身外墙用了大量的小陶片进行贴饰，每片陶片上都刻有浅浮雕形式的佛教造像。以带雕刻、陶制的，烧制得特别坚硬的陶片来装饰这一做法，在这座城市内部那些较为纤细的宝塔上得到了使用，然后只是用横脚线对塔层略作切分。在山西和陕西，存在着大量类似的用砖和石灰建造的宝塔。但是在直隶，虽是在北京郊外，可以看到密檐宝塔：在颐和园有小小的琉璃塔，色彩斑斓，富有象征的意味；在热河，有一座规模稍大一些的宝塔，底部环绕着八边形的回廊；而在北京城，这类宝塔形态最集中体现的，是两座巨大的宝塔，八里庄塔和天宁寺塔（见图 72），是为姐妹塔。它们的建造材料为陶板、砖和石料，在塔基和塔身之上，其装饰极为精美，出自唐代和明代，实属罕见。十二层的塔檐，层层飞檐叠出，最后以一个巨大的宝珠冠顶，为这座杰出的、富有魅力的纪念性建筑画上了完美的句号。

图 73　湖北的铁塔

图 74　北京的琉璃塔

图 75　北京八里庄塔

四川的宝塔——在四川，每座塔的塔檐的线条都变化万千。有时候，塔檐边线和塔檐脊线垂直向上，仿佛想将整个建筑拔向高处；有时候，它们优雅的曲线又向下，仿佛是对大地有着深深的眷念。此外，还有各式各样的过于繁复的装饰，这些装饰也用于塔身主干的装饰，以及对色彩的使用。宝塔的这种形制常常与焚香供奉的祭台相结合。祭台采用了楼阁形式，香烟如同在烟囱之中，向上缭绕，从位于顶端的三脚蟾蜍嘴中吐出，向四周弥漫开来。这类宝塔，构思精巧，其高度适中，通常一米以下，但始终与周边环境相适应，在有些寺庙之中，可能会达到很大的尺度。塔檐线的强烈弯曲，每座宝塔的精细构思和别具一格的匠心，在整个中国的中部和南部，都是特有的。然而在最南方，四川人毫无疑问的优雅，不免给人落伍或夸张之感。

图 76 四川灌县二郎庙香塔

　　墓塔——小一些尺度的宝塔也会作墓塔之用,不过几乎只是用于佛教的僧侣们。它们常常布满整个墓园,如在山东灵岩寺、山西五台山和山西太原府埋葬僧侣们的塔院。或而,也有一些较大尺度的塔,成群布局,两座,或甚至三座。不过非常少见。

图 77　山东灵岩寺僧侣墓塔

　　程式化——宝塔的形式是如此多样,却还是在统一的中国风格的界限之内。如果在中国进行长期考察,或者直接把各种类型的图纸放在一起比较,很容易发现一种几近让人疲倦的、千篇一律的印象,尽管存在千差万别,就像其他建筑类型一样,大体都相似。就一座塔来说,外轮廓都是坚实且自成一体,刚直的建筑主体,通过暗层中的墙角线划分为几个部分。中国人艺术化地处理这个问题的方式,其创造力令人赞叹,但是也因此失去了建筑进一步发展的条件。只需想想西方教堂的尖塔,在与建筑各个构件的和谐关系之中,不断获得新的推动力,借助比例关系、各种隔断、结构、小角楼、山墙和塔尖屋顶，形成了一个几近是无穷无尽，各式各样的建筑切分；只需想想与塔楼相当的西方城市建筑的多样性，便能理解艺术边界的价值了，这种多样性，于中国人和它们自由矗立的楼阁构造而言，是必要的。西方可以与之进行比较的只有俾斯麦瞭望塔，它们自由矗立，与其他建筑相距甚远，但就这个问题，真正令人满意的答案几乎是找不到的。因为，中国宝塔同时还依偎在景观的图景之中，保持着自身的建筑特征。

外来元素——宝塔，虽然在构造上是中国式，但还是表现出了外来元素。最为突出的就是，与其他所有建筑的特征相反，不是在平面上大面积展开，而是向着高处发展。今天的宝塔，与中国建筑和景观之间是如此紧密，其个体特征被强调得如此强烈，在其所在的周边环境之中，格外引人注目，与众不同。于是人们认为，这一母题是从西方传入中国的，与征服远东的个体观念一样，具有同等的意义。中国人欣然接受这一个观念，并且在宝塔美丽的形式之中表达了这种思想。这表明：中国自身原有的艺术形式，不能满足新近观念的传达，他们寻求新的表达方式。佛教满足了这一渴望。然而，宝塔整体上还是作为外来母题而存在的，尽管中国人竭其所能地将其做到了最完美，但这也并不妨碍，某些冲突继续存在。相似的高层，独立向上高耸的建筑风格，中国人并不熟识。多层的亭阁和门楼建筑，有着引人注目的高度，但是向上高度的获得则借助了厚实的基础、城墙或台基，而在水平方向上没有使用长长的脊线。自始至终，都努力匍匐在大地之上，未曾想着去挣脱，摩天大楼在此不曾有，精神上也不曾有。西方却恰好相反，与我们教堂和宫殿的高耸，再高也不为过。而中国人深深依恋着大地，这恰恰是他们内心深处艺术的源泉。

　　砖石建筑——中国人似乎对技术的发展无甚要求。中国人砖石技术的熟练处理能力，表明其有能力用砖石建筑来建造恒久的建筑。高达 8 米，甚至是 10 米的石柱，在其观念之中几乎就是天方夜谭。即便是石雕，也只是朝着华丽的方向发展。在中国真正值得注意的是这样一些建筑：多层的砖石构建筑，以及多层建筑之中并排的拱顶。在北京的一个大殿，锥形顶的宽幅达到了 15.50 米，在峨眉山，有一座方形平面穹窿顶无梁殿（译注：峨眉山万年寺），其营建技术堪称完美。可以追溯到印度影响的两层拱券建筑，在北京和五台山很多地方都可以找到更多的实例。山西和陕西在黄土高原区的窑洞，古已有之，人们未能继续将其发展下去。城墙和拱券门，小型楼阁和前面刚刚提到的宝塔，其中的大理石和石造的群塔，如北京碧云寺金刚宝座塔，这些都足以证明，即便是在最大的范围之内，中国人对于墙和石头营建技艺完全不陌生。几千年来，中国与印度、西亚的

图 78　北京拱券建筑

交通往来频繁，因此并不缺少对一些大体量建筑的认识，也不缺乏各
种营造技艺的刺激。尽管如此，中国人并没有在砖石营建纪念性建筑
的道路上迈开步伐往前走，唯一的解释就是其艺术—宗教化的、完全
明晰确切的、一如既往的内在信念，这一信念与其古老的文化始终相随。

图 79 山西五台山显通寺拱券式建筑

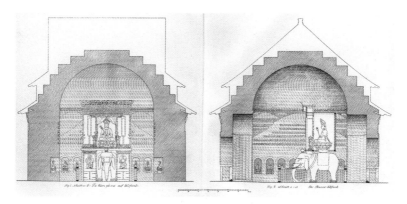

图 80 四川峨眉山万年寺穹窿顶

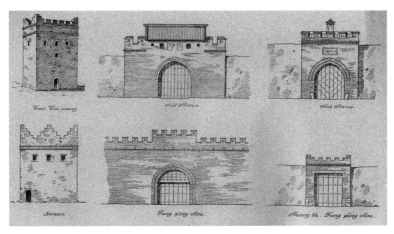

图81 山西地区的砖石建筑

平面之雄伟——在建造我们西方意义上的纪念性建筑时,富有营造天赋的中国人,把他们的建筑在庞大的平面范围内进行铺展,其方式与西方建筑在结构尺寸上的立体扩展,异曲同工。这里仅列出以下几个实例:北京碧云寺、热河夏宫的建筑、华山、五台山、普陀山,涉及的城市最北到北京,最南到广州。显然,这些营建思想,在我们的文化之中,从古埃及到今天,都没有这方面的特征。因为,中国人的这一观念之所以可能,有赖于其独特的宗教信仰,尤其是人与自然之间的关系;进一步而言,则有赖于中国庞大的国土面积。这二者共同促成了:建筑紧贴大地,以及建造纪念性建筑时对土地的充分利用。因此,不难理解这样的存在:庞大的寺庙规模及其与周边自然环境的联系;整一的寺庙群,坐落在偏僻、相对封闭的景区;圣山,完全颠覆了我们西方意义上的朝圣圣地;帝陵,覆盖的空间面积以平方英里来计。同样也不难理解的:城市之中,宫殿、寺庙和住宅,所有的建筑都朝向一致,沿着南北中轴线来排列,且自始至终都与自然景观、与土地保持着精致的关系。最终发展出这样一个观念：把整个国家、河流和山峦、海洋和山峦之间的平原，都作为建筑学上的统一性来理解，从而抑制了单体建筑的构造朝着超大规模的方向发展。

艺术效果——中国人只是将构建大平面风格的观念融入建筑的形态之中，尽管他们持有这一观念，但是从西方的角度来看，我们得承认，用一种相对简单的方式也能达到这一效果。但是，他们能够完全实现出来，而不必牺牲掉其艺术的内在性和亲切感，在我们看来，他们生而就是建筑师。因为，建造一幢建筑要要求的东西，就是把一个明晰的观念和谐地融入到现实之中，使其在形态上生机勃勃。内在本质与外在表象的统一、存在与创造的统一，是中国艺术拥有深邃效果的秘诀所在。即便是中国建筑艺术已经不能为我们直接所用，却偶尔可以给我们启发，他们或可以成为我们的典范，那就是重新开始，用心灵去建造。

前景展望——人们不得不承认这一看法：中国建筑艺术，直至今天，不失为令人愉快的一朵古典之花，且已经达到其顶峰，其形式的可能性已穷尽，在这个时代，她已无法再沿着古老的道路继续向前。这也将促使中国去寻找新的观念、新的表达方式。建筑艺术领域的变革势在必行。变革将迈向什么方向，什么时候终结，都无法估量。但是人们可以相信，中国建筑在将来会形成自身独一无二的、卓越的风格。

附1 1912年柏林皇家工艺博物馆"中国建筑艺术"展览陈列平面图

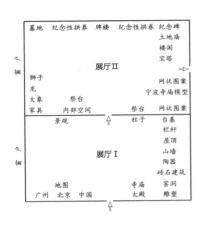
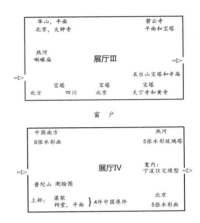

- 建筑测绘图由建筑师卡尔·科阿兹根据鲍希曼提供的材料，并在其指导下完成。

- 展出照片204张，在13×18cm基础上扩印而成24×30cm。使用相机型号：Goerz'Doppel-Anastigmat Serie III DagorF＝150mm，间或用到 Teleobjektiv Goerz Iva，八倍尺寸扩大，Anschütz-Klappkamera。展览之后照片转交皇家工艺博物馆的图书馆收藏，之后在阅览室文件夹编号173，可供阅览。

- 展厅陈设的五块方碑要感谢民族志博物馆的东亚部（Ostasiatische Abteilung des Museums für Völkerkunde），系借自该馆所藏的、具有重要价值的中国实物。

附2 1926 年在法兰克福艺术协会"中国建筑艺术"展览陈列平面图

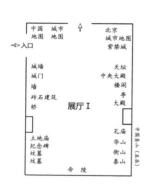

- 鲍希曼 1906—1909 年在中国的十四行省进行考察，本展览展出的建筑图，是依据作者采集的资料，从 1910 年开始在柏林，在作者的指导下，由建筑师卡尔·科阿兹完成。
- 照片用纸板装订，绝大部分都是根据作者拍摄的照片扩印，藏于柏林国家艺术图书馆，为此次展览而借展，展览之后将会归还，之后可以继续供阅览。
- 此次展览所展出中国原件、测绘图、规划图来自作者的收藏；

另外还借助中国绘画来突出中国建筑艺术与景观之间的关系。这些绘画来自法兰克福卫礼贤博士和波兹坦的玛丽夫人（Marie du Bois-Reymond），以及柏林东亚艺术部的藏品。奥彭海姆先生（Alfred Oppenheim，1873—1953）从法兰克福的私人收藏弄来了一些雕塑、青铜器和其他一些艺术品，这些藏品在玻璃柜子和一些展台上陈设展出。

附3 《中国建筑艺术》展览图册原插图

1912年"特展导论"后附照片9张，1926年删减了最后一张"浙江杭州西湖畔"，仅录8张。

1. 山东灵岩寺塔

2. 四川自流井陕西会馆的戏台

3. 湖南南部祠堂的立面

4. 山西五台山寺庙立面的木雕

5. 北京碧云寺牌楼石雕

6. 湖南南部坟墓的立面

7. 山东兖州府石牌楼

8. 直隶广昌县寺庙

9. 浙江杭州西湖畔

插图说明

图 1　浙江普陀山法雨寺主殿布局 ,《中国建筑艺术与宗教文化·普陀山》,1911。

图 2　浙江普陀山法雨寺主殿和院落平面图,《中国建筑艺术与宗教文化·普陀山》,1911。

图 3　李鸿章祠的平面布局图,《中国建筑艺术与宗教文化·祠堂》,1911。

图 4　山西五台山显通寺主殿建筑测绘图,《中国建筑》,1925。

图 5　山西五台山显通寺主殿,《中国建筑艺术与景观》,1923。

图 6　四川成都青羊宫灵关殿梁柱结构,《中国建筑》,1925。

图 7　湖南长沙府陈家祠堂,《中国建筑艺术与宗教文化·祠堂》,1911。

图 8　热河避暑山庄的木藻井,《中国建筑》,1925。

图 9　北京大钟寺的建筑测绘图,《中国建筑》,1925。

图 10　帝陵的花格平顶,《中国建筑》,1925。

图 11　湖南寺庙的大雄宝殿,《中国建筑》,1925。

图 12　四川灌县文庙主殿,《中国建筑艺术与景观》,1923。

图 13　四川叙州府半边寺,《中国建筑艺术与景观》,1923。

图 14　广州白云山能仁寺,《中国建筑艺术与景观》,1923。

图 15　广州屋脊,《中国建筑》,1925。

图 16　山西太原汾河畔独角兽,《中国建筑艺术与景观》,1923。

图 17　北京万寿山桥头的狮子,《中国建筑艺术与景观》,1923。

图 18　热河(承德)普乐寺,《中国建筑》,1925。

图 19　热河(承德)普乐寺,《中国建筑》,1925。

图 20　北京黄寺金刚宝座塔,《中国建筑》,1925。

图 21　北京碧云寺金刚宝座塔,《中国建筑》,1925。

图 22　北京五塔寺宝塔,《中国建筑艺术与景观》,1923。

图 23　福建福州鼓山涌泉寺,《中国建筑艺术与景观》,1923。

图 24　四川地区的屋脊,《中国建筑》,1925。

图 25　山东地区墙脊,《中国建筑》,1925。

图 26　屋脊装饰,《中国建筑》,1925。

图 27　浙江宁波屋脊装饰,《中国建筑》,1925。

图 28　陕西庙台子屋脊装饰,《中国建筑》,1925。

图 29　重庆住宅的门,《中国建筑艺术与景观》,1923。

图 30　中国建筑上的几何装饰纹饰,《中国建筑》,1925。

图 31—图 33　北京碧云寺门窗的几何装饰和细部装饰,《中国建筑》,1925。

图 34　柱子上的木雕,《中国建筑》,1925。

图 35　浙江普陀山的木雕,《中国建筑》,1925。

图 36　浙江宁波商铺,《中国建筑艺术与景观》,1923。

图 37　浙江宁波福建会馆天后宫,《中国建筑艺术与景观》,1923。

图 38　广州陈氏家祠的祖堂,《中国建筑艺术与景观》,1923。

图 39　福建福州鼓山涌泉寺祭坛,《中国建筑艺术与景观》,1923。

图 40　四川灌县伏龙观李冰像,《中国建筑艺术与景观》,1923。

图 41—图 44　北京南口居庸关云台,《中国建筑》,1925。

图 45、图 46　山东青杨树山墙雕塑,《中国建筑艺术与景观》,1923。

图 47　四川屋脊装饰,《中国建筑艺术与景观》,1923。

图 48　山西太原大悲寺山门前石狮,《中国建筑艺术与景观》,1923。

图 49　北京十三陵神路上的雕塑,《中国建筑艺术与景观》,1923。

图 50　山东灵岩寺罗汉堂的雕塑,《中国建筑艺术与景观》,1923。

图 51　广西牌坊立面,《中国建筑》,1925。

图 52　广西路边的牌坊,《中国建筑艺术与景观》,1923。

图 53　福州墓地,《中国建筑艺术与景观》,1923。

图 54　湖南醴陵祠堂入口,《中国建筑艺术与景观》,1923。

图 55　四川宗祠入口,《中国建筑》,1925。

图 56　山东曲阜孔庙大殿,《中国建筑艺术与景观》,1923。

图 57　四川坟墓,《中国建筑》,1925。

图 58　福建坟墓,《中国建筑》,1925。

图 59　直隶西陵大红门,《中国建筑》,1925。

图 60　山东的牌坊,《中国建筑》,1925。

图 61　清西陵的龙凤门,《中国建筑》,1925。

图 62　山东的牌楼,《中国建筑》,1925。

图 63　四川地区的牌楼,《中国建筑》,1925。

图 64　湖南的牌楼,《中国建筑》,1925。

图 65　四川地区的牌楼,《中国建筑》,1925。

图 66　陕西地区的纪念碑,《中国建筑》,1925。

图 67　陕西的纪念碑,《中国建筑》,1925。

图 68　陕西西安小雁塔,《中国建筑》,1925。

图 69　山西五台山瓶塔,《中国建筑》,1925。

图 70　河南开封级塔,《中国建筑》,1925。

图 71　山东灵岩寺宝塔,《中国建筑艺术与景观》,1923。

图 72　北京天宁寺塔,《中国建筑艺术与景观》,1923。

图 73　湖北的铁塔,《中国建筑》,1925。

图 74　北京的琉璃塔,《中国建筑》,1925。

图 75　北京八里庄塔,《中国建筑艺术与景观》,1923。

图 76　四川灌县二郎庙香塔,《中国建筑艺术与景观》,1923。

四、《中国建筑与文化之探究》(1912)

编者按:1909 年,鲍希曼结束了为期三年的中国建筑考察之旅,返回德国。本文在 1910 年 4 月 16 日的一次演讲基础上定稿而成,德文《中国建筑与文化之探究》(Architektur-und Kulturstudien in China)发表于《民族学杂志》(*Zeitschrift für Ethnologie*),1910, pp. 390 - 426。英文 "Chinese Architecture and its Relation to Chinese Culture",则发表于《史密森尼学会年鉴》(*Annual Report of the Smithsonian Institution*, 1911), 429 - 435. 1912 年美国政府印刷办公室(Washington: Government Printing Office)刊印了英文单行本。本文翻译以英文为底,参照德文校译,按德文稿配图。

1906 年 8 月,我挥别德国,踏上了前往中国考察的漫漫征途,此行途径巴黎、伦敦和美国,我在那里的博物馆,欣赏中国的艺术珍宝。接着路过了作为东方文化支系的日本,这样便可在停留的几周之中拾掇一些零散即逝的东方印象。最终在十二月抵达目的地——北京。时至去年夏天,我完成了在中国的工作,经由西伯利亚,重返阔别整整三年之久的德国。

1905 年，巴赫曼博士①在国会上，提出了这一研究的议案。已故的外交部秘书长封·李希霍芬男爵，及许多其他高级官员们，自身对中国也颇有兴趣。因此，就促成了德意志帝国政府，在得到国会批准的基础上，为我提供必要的支持。

我向所有那些为此行考察提供帮助的人，致以最崇高的感谢。首先要谢谢他们发展了这样一套行之有效的观念：即出于对问题本身的兴趣尝试着从纯粹学术的角度去研究远东的重要问题，还要谢谢他们对我个人的信任，将这项任务授托给我。

此行我被派遣的任务是："考察中国建筑及其与中国文化的关系"，我也无法承担比这表述得更宽泛、更自由的任务了，尤其考虑到中国这样一个国家，仅十八行省区域，面积就是德国的七倍有余，值得注意的是，其人口恰巧也是德国的七倍之多。

要想解决这个问题，貌似可行的办法就是将我的研究限定在中国北方，尤其是北京及周边地区。从我此前在那两年的居住经验来看，北京是中国文化的中心，在很多方面也能够代表整个中国。然而，随着时间的推移我的目标定得越来越大，最后还是将考察范围扩展到了整个国家的大部分地区。

起初的几个月，我在北京做些准备性质的中国研究。只要天气条件允许的时候，便进行短途考察，前往明十三陵，以及离北京两天路程之遥的当朝东陵。清朝最后一位皇太后（慈禧太后）不久前下葬于此。接下来探访了历史悠久的热河（今承德）夏宫，离北京大约五天的行程。在这片充满野趣的山区中部，环绕着著名的皇家狩猎场，零散分布着许多重要的喇嘛寺。在北京迷人的郊外，尤其是西山周

---

① 译注：巴赫曼，Herr Dr. Bachem, 即 Karl Bachem, 1858—1945，德国（天主教）中央党（Deutsche Zentrumspartei）的政治家和律师。中央党是德国中间派政党，1870 年成立，1933 年被纳粹党解散。1945 年重新成立。

边,坐藏着许多宏伟的寺庙,其中的碧云寺,值夏日时节实可堪称中国最美的寺庙之一。

随后的七个月中,去了当朝西陵,病故的光绪皇帝按例应会被安葬在这里。然后去了五台山,中国四大佛教名山之一,来访的主要都是些蒙古人。此行也是我在中国游历中唯一有一位朋友陪伴的几周,其他的时候,都是我自己和那些中国随从同行,这些中国随从包括挑夫在内,有时候会多达30人。

乘坐火车,一路向南,穿过黄河大桥,越过湍险黄河之水,到达了开封府,河南的州府所在地。接下来的四天,我们沿着黄河顺流而下。是时,黄河大坝决堤,有些地方的河面非常之宽,以至于都无法看到河的对岸。在山东,探访了东岳泰山,然后是曲阜,孔子的诞生地和安息地。寒冷的冬天驱使着我一路向南,我在宁波过了圣诞节。1908年1月,我远离尘世,遁居在舟山群岛的普陀山,普陀山是大慈大悲观音菩萨的道场。

经由海路,我回到北京,规划了一个超过12个月的考察行程,前往中国的最西端和最南端,以陆路跨越整个中国。首先去了山西首府太原,然后斜穿该省到达潞村①。潞村有一个大盐池,所产之盐供西北四省之需。

山西和陕西一样,都是干旱之省。有些年头几乎是滴雨未降。几乎可以肯定不甚严重的小饥荒每五年就会出现,饿殍遍野的大饥荒十年便会轮转。这种干燥的气候倒是盐业得天独厚的条件,因为盐池需借助日晒蒸发。若是雨季的话,盐业造停,小麦则会得到生长。盐官那里,我得以睹见大量银条,堪称生平所见之最。这位盐官

---

① 译注:潞村,即运城,古名盐氏,汉时曾设司盐都尉,故又称司盐城。元代改盐城为"潞村",位于山西南部,是一个古老的天然结盐之地,所产之盐亦称"潞盐"。

有一个形象的比喻：山西犹如一个天平，一端是盐，另一端则是小麦。此升彼降，而平衡之际则会迎来最好的年成，完美之境恰在两端之间。

我从黄河拐弯处进入陕西首府西安，登临西岳华山，翻越秦岭，直下达到那富饶、迷人、肥沃的巴蜀之地。四川省的面积和人口比德国略大。整体而言，就如同一首诗，自然造化和人力在此以同样的方式共同成就了这首诗的至美之境。

从省会成都，一路西行，最西到达雅州府，向西向北眺望，矗立在面前的是积雪覆盖的山峦，以一种神秘的力量，吸引着游历者前往西藏。这是一组雄伟的山峦，仅从成都府不远的支脉，便可感受到其崇高的魅力。时值总督赵尔丰①率领着一支军队启程前往拉萨。然可惜的是我计划中的路线正好相反，未能接受他热心的邀请一同前往。我在著名的胜地峨眉山，驻留了三周。按照中国人的说法，此地可以感受到昆仑的脉象。接着乘坐一个小船，沿岷江而下。我顺势绕道考察了自流井盐区，那里，有许许多多自涌盐井，数量多达四千，平均深度在 1000 米。自此，大量精盐，通过沸腾和蒸发被生产出来，使用的燃料是地下天然气。这个盐区所生产的盐供给着远至长江中游的所有省市。这些盐井地面井架高在 20—30 米之间。由于天然气的使用，这个有着近 70 万人的工业区没有多少废气排出。这个天佑之省河道密布，盐通过船很容易就从这里运往各地。源于土地深处的隐秘力量和恩赐，给了中国人形成独特宗教观念的契机。在中国完全可

① 译注：赵尔丰（1845—1911），字季和，祖籍襄平，今辽宁辽阳市，清汉军正蓝旗人。1906 年 7 月，清政府以"四川、云南两省毗连西藏，边务至为紧要"，设立川滇边特别行政区，以赵尔丰为川滇边务大臣。1907 年，赵尔丰一度代理四川总督一职。1908 年 2 月，朝廷任命其兄赵尔巽为四川总督，赵尔丰为驻藏大臣，但仍兼任边务大臣。赵尔丰在打箭炉驻兵，改设打箭炉为康定府后又设科等府，加强清政府对西康的控制。1909 年，赵尔丰挫败进攻巴塘的西藏叛军，并乘胜进入西藏，收复江卡、贡觉等四个部落地区，更越过丹达山向西，一直到达江达宗。

以看到,工业和贸易增强、深化着人们的宗教感知,因为一切都被置入在自然之力的关系中,这些自然的力量因此被人格化为神。

我早先的小船载我沿长江而下。接下来有几天,我有幸乘德国"祖国号"炮舰①旅行。沿岸风光或优美或险峻,船通常都是高速行进,途经了许多人口稠密的城市。船行飞速,接着经过了许多有名的险滩和浪漫的峡谷,只有水手在峡谷中回荡的声音,才让人感受到那巨大的孤寂之感。众所周知,人们所说的长江诸峡,在进入湖北省境内之际,最为雄伟壮观。从洞庭湖,驶入湘江,到达湖南首府长沙。然后顺道进入了江西。在那里,我和一些负责中国煤矿管理的德国工程师一起庆祝了1908年的圣诞节。

1909年新年伊始的几天,我在南岳衡山度过。随之陆行到广西首府桂林,沿桂江而下,十天之中,经过了三百多个湍流,进入西江,到达广州。广州是一座雄伟的、充满生活和艺术气息的城市。沿着海路抵达福建首府福州。我在浙江首府杭州城外那广受称颂、美丽非凡的西湖边度过了复活节。接着赶回了离开超过一年之久的北京,5月1日抵达的那天,恰逢病故光绪帝的葬礼之期。

全部的行程,遍及了当时十八个行省中的十四个。我取道那些古老的、往来频繁的交通要道,中途不时停留在人口稠密、几乎是最富庶的地区的中国人的生活中。数以百万计的虔诚信徒和香客每年都会前往"四山五岳"朝拜,这些山岳所在地,便属于上述这类地区。还有那些繁荣的经济文化中心,也就是商业和交通往来频繁的大城

---

① 译注:"祖国号",即S. M. S. Vaterland,德意志帝国海军炮舰,祖国号炮艇由德国埃尔宾(Elbing)的什切青(Schichau)船厂建造,什切青船厂为当时德国著名船厂,为包括中、俄在内的世界各国建造了大量的船只。祖国号于1903年8月26日下水,分解后运到上海组装,于1904年5月28日在长江洞庭湖、鄱阳湖一带服役。1907年开始,在重庆边上的驻扎长达22个月,1908年巡航岷江。关于.M. S. Vaterland的详细信息,可参阅:http://de. wikipedia. org/wiki/SMS_Vaterland。

市。除此之外还有众多湖泊河网，水路纵横交错，几乎是船挨着船，持续不断；海岸线上从一个港口驶向另一个港口的船只构成了繁忙的交通。在四亿中国人中间，处处充满着勤劳、欢乐和秩序，他们生活的热情和满足尽显于艺术之中。把中国说成僵化陈腐，即将从精神、伦理甚至是政治上崩溃的国家，完全是错误的。昔日的文化整体性，今天依然延续着，它紧密维系着民众，保持着民族的韧性。

这一论断或许可以用来解释，为什么在这里无需去讨论考古问题，或艺术史、宗教史乃至一般历史方面的问题——即便它们多么有意思，而是要展现今日中国本身的样子。我们没必要比起这个目的本身，更看重那些达成目的的手段。

提前交代一下：我们在中国面对的是一个文化整体，一如我们对古希腊或者任何一个完美时代所能想象的那样。一个宏大的宇宙观，于中国人而言，是其内在的推动力。这个宇宙观如此包罗万象，成为了中国人生活方方面面的指导思想：交往、习俗、宗教、诗歌，社交礼仪，造型艺术特别是建筑艺术。他们几乎在每一件艺术作品中传达着宇宙及其理念。视觉可见的表现形式，成为了天理和天意的表征。他们在视觉的形式中认知天意，又根据天意改造形式，在明晰的形式中表现天意，简而言之，就是在小宇宙中不断认识它，又用它来揭示大宇宙。

这种大格局的思维和行动方式，恰切地印证了一个说法："中国，泱泱之大国。"庞大帝国的领土自古以来便已是十分辽阔。早在公元前，中国就轻易地将政治统治推向远达突厥民族地区（里海以东的中亚地区），甚至是黑海海岸，不仅如此，早在那时就向那些地区遣派了大量军队。征服这些地域需要花费时间，并培养耐心、对一切反抗的警惕、细节上的政治敏感、生活经验和智慧。

老子，这位中国最伟大的智者，很早便认识到人不可胜天。

　　这些特征也保证了在这个由十八行省构成的中国内,其政治统治的井然有序。在这里,人们过去一直需要,现在依然也需要,运筹帷幄,决胜千里;未雨绸缪,提前数月数年地计划。帝王和官员的指令和奏请都要经历漫漫长路。官员调动时,常常不得不有数月的旅途行程。不过他们也由此获取到许多本土知识,相形而下,我们对自己国家了解的程度,就远远不如了。在穿越国土的过程中,他们见识了各种地形地貌的特征,且印象深刻。花上几天穿越平原,然后沿江河而行,再花上十来天翻山越岭,然后六天交替经过山丘、田野和平原,他们总是会和形形色色的人打交道,不管是社会上层的达官贵人,抑或是普通的平民百姓,从而可熟识不同地区的积弊和有利之处。

　　由此,中国人对时间和空间的观念有着深切体认。这也体现在他们的建筑之中。他们营造了一种基于平面布局且融入环境的建筑,从根本上对我们而言是陌生的。著名的中国长城,堪称为世界上最伟大的建造,必须将其视作一个整体,它关闭北方之门,防御蒙古和满族南下。即便埃及所有著名的金字塔,也无法与之媲美;它技艺精湛,历史悠久,内涵丰富,同时富有最绝美的景观观念:沿着山脉起伏而蜿蜒,呈现为优美的轮廓。

　　北京的皇家宫殿,其占地面积之辽阔,可堪称世界之最。也很少有建筑能达到天坛的营建规模之大,或达到中国无数其他重要寺庙的规模。皇亲贵族,富裕的商贾,甚至是社会的中间阶层,住所在平面和空间上也都格外铺张。热河的帝王陵寝和寺庙,最为宏伟壮丽。中国人,赋意于形,将那些相隔数里的山川自然,贯通成一个有内在关联的整体。

　　最能体现中国人整体观的一个方面,就是将建筑群中的所有建筑,如寺庙、住宅,对称地分布在南北向的中轴线两侧。无论怎样,这点不变。帝王君临天下，主人款待客人，神灵降身于庙，都在主厅，且坐北朝南。主事之人面对着正午的太阳。与此相类，城市也严格地按基本方位布局。遇到自然的障碍物，如山川河流，或者有些什么其他方面的考虑，则会适当调整，偏向其他某个特定的方向。然而，中轴线在所有的寺庙、府衙建筑和民居之中通常是一以贯之的。

中国历史上频繁迁都。帝国统治的中心曾经位于长江流域，从河南、从陕西发端。但是长久以来，早在元朝之前，他们越来越倾向回到位于北方之端的北京。当然，这样做主要是出于政治上的考虑。但现在我们知道中轴线被赋予了何等重要的意义，就可以作出一个宏观的理解：皇帝端坐在北京的龙椅宝座上，沿着北京的中轴线向南凝视，俯察整个帝国，在新年，或在皇帝的诞辰，举国上下，文武百官和众百姓，在同一个时刻叩跪于圣坛之前，向北仰望朝拜，表达对天子的崇敬之情。

自然条件、政治发展和意识形态由此相互作用，各自使对方得以进益和深化。人世间的一切现象，无非是永恒存在的镜像，在我们的观念和信仰中，我们试图给出一个确定的，其实也多变的法则来捕捉住它。

在对中国精神文化的具体问题进行探讨之前，有必要先简要提及那些促成宏大整体观念的某些外部条件和各种关系。

中国的人民一直在迁徙流动中，历史上向来如此。前面已经提到，历史上曾有战争驱动着大量的男女老少远赴突厥民族地区。有些时期战争会持续很长一段时间，然后经过某个周期又不断重复。有时候，如元朝统治时期，中国与西域地区的交往达到一个鼎盛时期，且长久不见其衰。中国人似乎乐于迁徙，或者还有胜于今天的我们。

在中国历史上，内战和农民起义不断，使得人民不断在不同地域流离，动荡的程度不落后于我们的历史。中国人乐于迁徙的本能，也在其中起了作用。根据历史记载，当朝伊始，四川省经历了一次人口锐减，只有十分之一的人活了下来，现在居住的大多是来自其他省的迁人者。在这里乡会建筑风格类型多样，远远胜于它省。或许除了广西省，在省会桂林，几乎所有的居民都是外乡人。临近新年前，每天都有一些小商贩、手工艺者、临时工，踏上回湖南老家的归程，和亲人一起共度春节。连续数日我会处处经过这些成群结伙的"萨克森团"。这种画面在中国到处可见，即包括在山东，人们频繁往来辽东半岛，也包括沿着东海海岸和内陆之间的往来路线。近些年建成的铁路线上，火车总是超载。举个例子，每天往返于上海和宁波之间的两只蒸汽船，每 12 个小时就会运送几千人。

晋商垄断着大半个帝国的银矿业和铜矿业。他们各处行走，辛苦经营，积累了大量财富，到了年迈之时，便返回故里。浙江某个城市，出了好几名陆军高官。还有一些规模不值一提的著名小镇，还出了一些歌唱家、演员、手艺人和商人，这些人常常是少小便外出谋生谋职，老时还乡。

中国古代明令禁止上层官员在故乡省份任职，更别提在故乡城市了，有一个更深层的用意在于让政府独立于私人关系的影响之外，稳固大一统局面。

远游在中国根深蒂固。轿夫、骡夫、水手和挑夫，乐意签约，马上启程，去开始长达数月的远行。他们说起前往突厥民族地区或西藏的远行，就像是一件再普通不过的事情而已。政府喜欢让官员们的任职地不断变化。成都的某个高级官员接受委命前往西藏几年，五天之后他就出发了。

中国古代的科举考试，现已停止了，或许就此不再了，同样有益于促进这种远游爱好的形成。成百上千的童生们，每年去当地考场参加乡试，有幸通过的话，继续前往州府参加上一级的考试，直到最后，他们中为数不多的千来人会远赴京城赶考。在长途跋涉的旅途中，他们对整个国家会有所了解，把自己的习俗四处传播，同时也接受新的事物。

在整个国家，四处都可以遇到佛教和道教的那些云游四海的僧侣和香客们。他们从此寺到彼寺，在各处住上些时日。那些年长和资历较深的僧人中，很少有人未曾造访过所有的名山古刹，至少也是大部分的名山和著名的宗教圣地。

最后，学者、诗人、画家和其他艺术家（这些身份通常在一个人身上合而为一）也都乐于游历。古往今来，罕有贤达之士未曾遍历过整个国家，现在依然如此。我曾在 3300 米高的峨眉山，邂逅了一位特意来此冥想、学习和练字的翰林。在四川，我曾造访过唐代八世纪著名诗人李白的祠堂，还有苏东坡的祠堂。我游览了李白当年路上醉酒之地，也去了洞庭湖和长江游历，苏轼曾在此独自泛舟、垂钓和吟诗作赋。对这些历史人物的追忆一如既往地，是如此之鲜活。孩童们在私塾中学习他们的故事。这些故事在家中、在朋友之间也会传诵。职业的说书人选择与他们有关的那些逸闻趣事作为题材。那些著名片段还会在戏剧中演出。那些传说和经历，成了整个国家从苦力到顶层共同的财富。只要是读过私塾的人，几乎都会背诵四书五经。书画也总是表现众所周知的题材。寺庙和宗祠中的装饰字画主题，都是著名的历史事件、人物和思想。人们无论身在何处，都备感亲切。

还有颇为重要的一个事实：在中国，直至晚近才出现报纸。几乎所有的信息都是通过口头交流得以实现。与我们相比，中国人似乎不停地在言说。一个趣闻，抑或是一个事件很快就会在每个人口中传播开来。那些相信口头语言比书面语言更为生动的人，会欣赏他们在开阔的自然中、活泼的人际交往中产生的文化。我们恰好与之相反,文化越来越产生于书房和书桌的孤寂之中。

中国在长久以来的历史中形成了今天我们所见的一致性特征,然却并非是所有地区都是死板的相同。俗语说:"五里不同音,十里不同俗。"这种变化鲜明地表现在建筑风格上,同样表现在民众的性格、生活方式、农业种植、衣着风尚和饮食。不同地区划分为不同文化区:北方六省,长江流域五省,南方六省,包括沿海的福建和浙江。四川则自成体系,山川成为自然的帷帐,将它和其他省份相对独立开来,从而形成自身独特的文化,它充满幻想,是中国文化最高的华彩。常言道:巴蜀之地出诗才。的确,这里的风景之美、艺术之美,会让人不由自主地变成诗人。俗话还说"北方出将才,湖南出学士",后者意谓首府长沙的书院。种种缘由,出现了两个独特的文化中心,一个是北方的文化中心——北京,另一个则是南方的广州。诚如其所是,成为了中国的两极。

处处充满着这样的差异性,哪怕是省与省之间亦如此。这同样也适用于同一个省内的不同地区。可处处又笼罩着一种共同特征,我们所遇的不只是这种统一性,还有一种杰出的包容性观念,随天性而来的伟大胸怀,海纳百川,接纳那些源自自然地理和历史文化的一切关系要素。这种感觉可见于他们的世界观和宗教观。这些观念渗透在他们所有的艺术品,及其他各种形式的人造物之中,这些物品构成了民众的共同财富,外在文化之魂和至今依然古典的艺术之魂。

有且只有在中国,人们可以看到世界观和哲学体现为视觉形式,可以看到直接再现观念的建筑,即建筑本身如何通过宇宙及其各自源动力构建而成。因而,在一个具体的视觉形式之中这种表达理念成为了可能。

公元前 600 年,老子,这位与孔子同时代,稍长于孔子的智者,曾

图 1 太极图:太极与八卦

说过:"一生二,二生三,三生万物。"这种宇宙观可以表达为一种图式。(图 1)这种图式在他本人所处的时代,即已属于上古之遗存。图式中间由两只阴阳鱼组成,表征着阴和阳两种力量和原则,而在这两者之外,还存在第三者,即外围的圆圈本身,这就是最高的道:它是通向完美之境的永恒道路;亦是全部可见的、伦理的世界的轴心;是存在之所在;是氤氲在一切现象背后的保持不变的永恒,是"一"。不同哲学家如何在自己的哲学体系中为它标名,并不重要。无论在哪它都被视为永恒的真理,万物的本质。说到底它与我们的上帝观念完全相同。

在这深奥难解的第一因中,两种力量运行不息,相互对立,有异同、有上下、有黑白,却又相辅相成,构成一个整体,二者之间不可分割。这就是阴阳原则。二者构成的整体是一种创造性的、生生不息的力量,其中孕育着二,其象为龙。因此,一生二,二生三。三爻而成一个单卦。

阳爻为奇数,用"—"表示,阴爻为偶数,用"--"表示。一阴一阳组成在一起,再加上第三个部分用以表征道的绝对存在,故有一卦成。这些组合相互不同,又相互转换,形成三爻组成的八卦,八卦的每一卦中,要么是阴爻主卦(译者注:如坤、离、兑、巽),要么是阳爻主卦(译者注:乾、坎、艮、震),阴阳不会完全对等。数字"八"对于哲学的深入探讨而言,是一个和谐的基数。整个宇宙万物由八种元素构成。

借助数学模式,世界上的万事万物被化归为一些基本的构成要素。并没有超出这个层面,抑或是这个数字理论之外的存在。其他更为丰富的现象完全是本身通过这些要素的组合而形成的。当三爻卦再相叠成为六爻卦时,便产生了六十四卦(图2)。六十四卦构成了一套令人信服的形而上学体系(如一个棋盘),对它的认真研习可帮助理解象棋所达到的深度。我们同样在象棋中寻找永恒的真理,就像太极图中间的圆形图案,在为谜题提供答案。然正如每个下棋之人悉知的那样,完美的棋局并不存在,就像我们每个人都知道:理想,即绝对真理,是生命中永远都无法企及的,然而探寻真理的各种努力往往是有意义的。

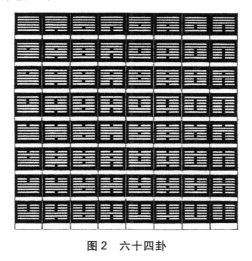

图2 六十四卦

佛教也按照中国人的观念被改造了。

佛教造像中的一佛二菩萨布局,对于中国人来说这种格局的中央,只是万物本质的人格化,而左右两侧代表着两种力量,它们创造并主导着世界的运行,因此非常接近八卦图式中圆形图案的思想。若是一个人相信,在生命和自然之中,在两种力量的对抗之中,绝对智慧和真理是永远无法获知的，那么八卦图式便可以视作平庸却深奥的一种表述："真理在两端之间"。现实只是理想神性的反射。描绘寺庙主持的绘画中他常常和另外两个僧人一同出场，大约他深切意识到这种格局会揭示出八卦图式活生生的印象。这样的例子在许多寺庙中屡见不鲜，例如在 900 米高，位于湖南的南岳衡山就有所见。

换一个角度来看，有四个基本的方位：北、南、东和西。世界被分为四个部分，继续划分（东南、西南、东北、西北）则可以得到数字八，即"八方"，我们从上文的另一套程式中也得到了八这个数字，进而还可以得出十六。佛教对这些有规律的数字也是熟知的。佛教在公元 1 世纪左右传入中国，与中国思想相互交融。除了佛，还有四大金刚，合起来可以得到五，正如五方佛中有一位中主位者。中国人也认为不仅仅只有四方，同样也有中心，即认为有五个方位。在八卦图式中，如果把中心也涵盖进来的话，就得到九。中国人在他们的长寿之神"寿星"和"八仙"那儿表现了对九的信仰。

图 3　手持八卦的寿星

一个著名的寿星图中：寿星手持圆盘，圆盘中画有八卦图。因此来表达长寿之意。寿星背后的墙上，同样也有一个八卦图（图 3），并且还用了一到八的八个数字对卦符进行标示。这个图示被称为太极图。在具体构成上，仙人具有非常风格化的形象。这位寿星天庭饱满，前额突出，意指这是智慧之地的所在。头发、眉毛、胡子和两鬓全都花白，暗示出这位神灵年高寿长，他的形象与智者老子几乎一模一样。

这尊塑像出自四川灌县的一座寺庙,该寺庙堪称中国最美的寺庙之一,该庙是为纪念著名水利工程师李冰而建。李冰在公元前256年左右,以其精湛的技艺,疏导岷江,通过数百条河道将滔滔岷江之水,引入附近的成都平原,由此,常常饱受洪水之涝的泽国,成为了中国最富饶肥沃的天府之国。庙建在沿江的斜坡上,主厅中供奉着已经神格化的李冰和寿星的塑像,以此表明,这位伟人是寿星之后,继承了他深奥的智慧,为人行大善之事,受到人们世世代代永远的尊敬和爱戴。

寿星和八仙在中国处处可见,在人们的日常生活中有着重要影响。例如,四方的八人桌椅被称为"八仙桌"(图4)。客厅中通常在靠墙处有四个几案,各配两把椅子,椅子加起来一共是八把(图5)。最后,宽敞且优美的坐榻留给两位最尊贵的主宾。这两个座位某种程度上也体现了整个圈子中包含的阴阳原则。在这个居室中轴位置,放置一

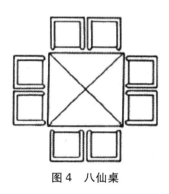

图4 八仙桌

些美妙的圆形之物,象征着永恒、纯粹、大智慧和真理。一件花瓶,一件神秘的木雕,抑或是在墙上挂一面镜子、一幅画、一幅书法作品。这些完美地表现出至阳之数九,即由八加一而得来。中国古人铸九鼎,象征九州。现在中国有 $2×9=18$ 个省,则与佛教十八门徒,即十八罗汉一致。这个颇有象征意味的九在中国建筑中不断出现,例如北京天坛圜丘上外围的砌石,都是九的倍数(9、18、27 等等,见图6)。除此之外,数字三和九的合数也常出现。

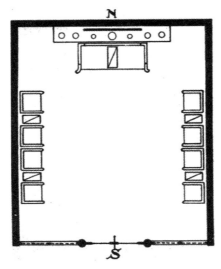

图 5　客厅　四几八椅

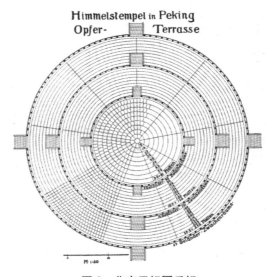

图 6　北京天坛圜丘坛

3×3＝9,在寺庙规划中也常会用到,图 20 中寺庙的平面图即可表明这一点,寺庙中央是大殿所在。在寺庙中,人们在神灵面前表示谦卑和恭敬之时,会下跪叩首,也遵循 3×3＝9 次数原则。10 和 12 都可以从一些更小的基数中衍生出来:数字 5 分阴和阳两边翻 2 倍即为 10。将 4 各自三等分,和谐之 4 与生生之 3 相乘,3×4＝12,进一步相叠,可以得到 24、60 和 360,即一个圆周的度数。中国人很早便知道这点了。从对八卦数字的等分,化生出了自然中的万事万物,它们被神格化,或供奉于寺庙和家中,成为观念的表征。

这是一个宽广而特殊的领域,这里只是涉及由数字理论而产生的规律。

这些或许可以说源自纯粹数学模式(中国人是伟大的数学家)的数字,在自然中得到了确证:男女两性、左右两眼、左右两手十只手指;它们的关系在可见的宇宙秩序中也得到了确证:一年十二月,黄道十二宫,二十八星宿,等等,这些还给缺失的数字 6 和 7 赋予了宇宙意义。数字规则对于理解中国人眼中世界的规律、理解中国文化的规则是必要的。这让人想到毕达哥拉斯,在他的体系中,数是世界的本质,我们或许根据上述中国人的数字系统,即宇宙是数的构成,来理解毕达哥拉斯的体系。

宝塔,其形如孤柱,其营造中也采用四、八或十六这些带有神圣意味的数字。塔内通常有佛像,或与之相关的圣物,处于中心地位,是佛教世界观的体现,而其他诸神围绕在它的周围。

广州有一座汉石塔,建于 18 世纪中叶。塔有四面,象征四方;每面有相应方位的菩萨,骑着狮子,大象或其他具有象征意味的动物。

另一座美丽的宝塔位于舟山群岛上的普陀山,最晚建于明代。其层次划分分明,四面各展现了有规律数量的佛像。

北京天宁寺的八边形宝塔,其历史可追溯到元代,雕饰繁复,砖石上布满纹饰和雕刻。小小的塔檐支撑（擎檐柱），充满了自然主义的气息，采用了男像柱的形式，支撑着出檐。

有时候四座塔会围绕一坐中心塔，形成五塔寺。1793年乾隆帝斥金修建了清净化城塔（俗称喇嘛塔），即是这种类型。该塔是为了纪念在访京期间圆寂的六世班禅额尔德尼罗桑华丹益希（Pantjen Erdeni Lama）①。塔身用汉白玉建成，覆以精美繁复的雕饰。中心主塔矗立在三米多高的汉白玉金刚宝座之上，四角各有一座八角形经幢式塔。数字的规律与宗教之间的关系又一次反映出来。

这类汉白玉塔中，最重要的非碧云寺塔莫属了。此前我曾提到过碧云寺，并将之位列中国最美的寺庙之一。这座寺庙，和其他很多寺庙，位于北京之郊的西山之上，犹如帝国繁华皇城的华丽皇冠。乾隆帝还御令而建了一条通往塔院的道路，穿过一座汉白玉的门，再过第二道门之后，塔尖就开始出现在视野中了。

塔身矗立在一个高台之上，塔基上布满了佛教的塑像和图案装饰，五座四边形的宝塔则乘塔基而立。这里还有一株九龙柏，是已故的皇太后亲手栽种。松柏茂林，郁郁葱葱，整幢建筑物掩映其间。其中有一种特别的松树，叫做白皮松。柔和的月光之下的松林，格外迷人。

沿着宽敞的阶梯拾级而上，佛在前方召唤。在建筑的内部，平缓的石阶引向顶部宝塔矗立之处。一座主塔位于中央，其他四座位于四个角。数字四、八、十六是很显然的。何以故？中间主塔的四个侧面有四尊菩萨像，四座边塔有 4×4＝16 个面，也就有 16 罗汉像。随

———

① 译注：六世班禅，罗桑华丹益希（1738—1780），是于藏历第十二绕迥之土马年（1738年，清乾隆三年）生在襄地扎西则（今后藏南木林宗扎的西则）地方；父名唐拉，咒师出身；母名尼丹昂茂，是贵族宗室之女。1780年，六世班禅因患天花治疗无效而圆寂。高宗为了纪念六世班禅，特命在他生前住过的黄寺四侧，建立一座宏伟的"清净化城塔"，俗称西黄寺。

着时间的发展,在中国又另加了两个,所以现在有 2×9＝18 个罗汉。于中国人而言,十八是一个比十六意味更深刻的数字。有时一个寺庙会设置多达 500 个罗汉像,比如碧云寺便是如此。主塔顶部的铜铸伞盖,上有八卦图式,精妙地隐喻着高高在上的秩序。

两座瓶型的塔同样坐落在石座之上,瓶型的塔身,暗示着生活的虚空,如梦幻泡影。而作为永恒生命的象征,栩栩如生的佛像被安放于莲花宝座上,置入壁龛之中。悬垂的那只脚掌甚至会以莲花为履,避免踏入这不完美的尘世。

将高僧的尸体进行防腐处理,镀成金身安放于塔内,塔便获得内在的神圣性。位于四川美丽嘉定府①的一座塔,就是例子。

重要的寺庙多以数字 3 来布局,有三条平行的轴线,再次体现了建筑中的三位一体。高规格的仪式性建筑的入口,如孔庙和五岳庙,都分三路轴线布局(图 7)。正中的开间大门对着的是"神路",人不能通行于此。神路中间镶嵌着一块狭长的带有龙纹装饰的覆盖板,以此表明只有神才可以通过。即便是帝王前往天坛祭祀天地和先祖,也只能从东门进入寺庙内。"中"是不可思议,是如同处在八卦图式的圈中的神圣之物,是至美,是阴阳两种力量相攀相争的对象。自然中相互抗衡的两种力量,也体现在龙的形象之中。龙作为中华民族的国家象征,也是阴阳合于一体,同时具有两种特性。"双龙戏珠"是一种有名的、经常出现的表现形式。这一动机被非常优美地践行在明代的一个铜铸的几案之上,在四川峨眉山之巅的一个寺庙中。两条龙与一颗圆珠嬉戏,圆珠象征着最高的纯粹和极致之美。他们与

---

① 译者注：嘉定府"南宋庆元二年(1190 年)以宁宗潜邸升嘉州置,治龙游县(清改名乐山,今市)。属成都府路,辖境相当今四川省乐山、犍为、峨眉山、夹江、洪雅、沐川等市县地。元至元十三年(1276 年)改为嘉定府路。明洪武四年(1371 年)复为府。属四川省。九年降为嘉定州。清雍正十二年(1734 年)复升为府"。辖境相当今乐山、犍为、峨眉山、夹江、洪雅、峨边、荣县、威远等市县地。1913 年废。

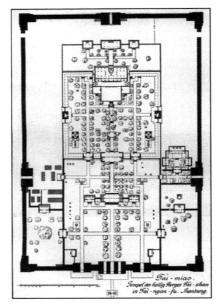

图 7　山东泰山岱庙的平面图

圆珠嬉戏，却并不触碰它。

　　龙也是阴阳两种力量的体现，我想强调的一点是，这里的阴阳二元，无关乎善恶。它是生命的象征，两种力量原则相争，完美的真理却永远无法企及。

　　在四川的孔庙，处处可见这种和谐之美，以及阴阳二者张力构成的艺术力量。（图 8）寺庙门前的月塘之上，有一座桥，桥的两侧栏杆上蜿蜒盘绕着双龙，双龙目光向主轴神路中间聚拢。神路是一种沉默的理念，是无言的，它隐含着一种和宗教信仰有关的观念，这种信仰认为：最高存在之名是不能道出来的。神路的另一端没有阶梯可以通往高处的大厅，而是放置着一块倾斜的石板，上面雕刻着一些华美的、富有深意的场景画面。

图8　四川万县文庙的泮桥

　　在欧洲人看来，"老爷"（即关羽、关老爷、关公）是一位武圣，因他曾是一位非常有声望的将军（图9）。然对中国人来说，他是生命亨通之神，也是忠义之神，拥有忠、义、信、智、仁、勇等诸多美德。在关羽老家山西解州的关帝庙中，关老爷身后的墙上绘有双龙，它们围绕着这位完美的化身嬉戏着。这又是一个对追求至高至美之境的表现。

图9　老爷

这位出生于三国时期——中国武士的黄金时代——的英雄人物，塑像栩栩如生，尤受人们敬仰。关老爷正在阅读五经之一的《春秋》。

再来谈谈龙门，这是达到完美之境的入口。无论谁，只要穿越神路，通晓理解永恒存在之道的阴阳原则，智慧之门便向他敞开。学生若是通过了考试，可以说他跳过了龙门，得到了象征完美的珍贵龙珠，或者说是与之同在。

这就叫作："鲤鱼跳龙门。"曾经那个愚蠢、傲慢、呆头呆脑的鲤鱼，在它跳过龙门之后，成为了一条龙，即成为了智慧和力量的化身（图10）。之所以如是，得益于空中云中的健龙，它向龙门吹来的灵气，鲤鱼由此而获得了生气。在崖石之间的惊涛和浪花中，鲤鱼激流勇进，以期获得自身的启蒙。

图10　龙与龙门

他们并不满足于双龙，而是让他们成倍增加，获得更强的力量，更佳的表现形式。最常见的是增加到八，与八卦一致。在一幢建筑的圆形木质天顶下，各有一条龙盘绕着八根立柱，灵动地涌向建筑物的中间，那里的顶端悬挂着象征完美的神圣宝珠。

龙总是代表完全正面的存在，而蛇则常常与精灵神怪的、不可捉摸的、对立矛盾的一些存在相关，如同恶魔梅菲斯特所代表的那样，但是它本身绝不是邪恶或者凶狠的。只是它常常与冥界的观念联系在一起，冥界最著名的入口，被认为是四川江城丰都。在山峰处有一个神秘的开口，是通往冥界的入口，所以山顶建有很多寺庙，供奉着与冥界相关的各路神灵。其中一座寺庙，供奉着蛇王。八条蛇缠绕着庙前的柱子，一条蛇则从中间倒挂。这与观音庙的八龙戏珠，形成了鲜明的对照。这里所说的观音庙位于中国东端圣地普陀山，即大慈大悲观音菩萨的道场。

由此数字三、八、九被具象化，从中可衍生出无穷无尽的现象。山西首府太原大悲寺千手观音像，背光由无数只手构成。尘世间的万事万物，都远离了自然之真，远离了神灵之旨，是不尽美好的、短暂易逝的东西。在佛教看来，万事万物最核心的特征就是虚空。因此，众生灵悲叹其存在，努力从苦难中拔身出来，修道成佛。其佛光四射，就像佛像千手。生成之物，注定毁灭。这就是大悲菩萨的含义，在这座富丽堂皇的庙殿中，有三尊他的巨大造像。

现象世界千变万化，无穷无尽，可在苏州罗汉寺①中的佛像身上窥见一斑。该佛像有四面身体，从中按对角线伸出千手，这里有宇宙

---

① 译者注：苏州罗汉寺，始建于五代后晋天福二年（937），明洪武初归并上方寺，明永乐年间僧悟修重修，不久寺废，明天启二年觉空禅师来居，寺始兴，至清乾隆三十二年（1768）寺得重建成，有《重兴古罗汉寺碑记》。清光绪十一年（1885 年），治平寺住持隆法和尚修建了五百罗汉堂，遂改称"罗汉寺"。

的基本数字四和八，与佛教四大名山、四大菩萨相应。

中国古代寺庙，常常营建成四合院，四隅有角楼，四方置四门（图7）。佛教也接纳了这种思考方式，并将其表现在佛教寺庙布局营建之中（图11）。

图 11　坛城

佛教寺庙可以堪称一个完整的世界，一座城市，就像中国人看待他们国度中的五岳一样。城墙围合四面，形成一个完整的矩形空间，中间是圆形的神圣的场所。四方各设有一门，也就是一共四扇门，四角修建角楼，每一面城墙设有站立四个守卫者或佛徒，一共是16个。

在热河，在仿造拉萨从前达赖喇嘛的宫殿而建的小布达拉宫，真实地体现了牢固信仰之场的观念。巨大的城墙将五层砖构建筑环绕其间。阶梯式建筑坚如堡垒，使得墙体更加稳固。它成为了这个宗教信仰中心的坚固象征。

　　这种观念在营建北京和其他大城市中,得到了非常充分的发展。帝王宝座,位于北京紫禁城的宫殿中心。许许多多的小宫院围绕着这个中心宫殿,共同组成了紫禁城。紫禁城又位于皇城之中,而皇城位于这个满族人的城市之中。所有的建筑都严格依南北向中轴线分布。紫禁城有四门四角楼,跟那些完整的大规模的寺庙如出一辙。

　　此类像帝国古都西安(图 12)这样的大型城市,出于其营建需要形成了四面各设有三门,三门之间设有两闸楼,以及堡垒式城墙的形制。然而这种观念其实与宗教建筑相同,其实践中在宗教方面进一步完善。它吸取了佛殿建筑结构的独特形式中蕴含的稳定性和内在节奏。

图 12　陕西西安城门

　　北京那些防御性角楼并非只是用来满足军事目的,也有其宗教的意义。在四山五岳寺庙的围墙中,亦能窥见其影子。

　　北京是世界的缩影。城之四方有庙：为天坛——主农事、为日坛、为月坛、为地坛。

中国人视其国度为一个有机的整体。五岳即是其精神观念的诠释。五岳：东西南北各一，中央有一，其数为五。自然天成，就像坐落于陕西的西岳华山，即由五个主要的山峰（中为玉女峰、东为朝阳峰、西为莲花峰、南为落雁峰、北为云台峰）构成，它们再现了中央和四方的宏大图景。五台山情况亦是如此，五座山峰呈现出宇宙的图式，同时又与五色相配。古老的五岳，从平原中拔地而起，每一座的山脚之下，都配有一座宏伟的寺庙。

寺庙的中轴线延伸，可直接通向山岳的顶峰，华山华阴庙即是集中的体现。

寺庙夯土成墙，形如碉堡：雉堞、门、小塔楼，围合成相对独立的空间，其中为庙殿，且以长方形柱廊连接。整个空间形式，表现出了中国人的宇宙观念。

对五岳值得作一个简要描述。山东泰山在名岳之中位置最东，最为著名，其历史也毫无疑问最为古远。其中一位神灵（即，泰山老母——东岳泰山天仙玉女碧霞元君），逐渐成为这座山的主神，她在民众中流传最广。人们认为她的足迹遍及整个国度，在她游历之处，都受到人们的敬仰和崇拜。她的下榻之地，就像自古帝王所到之处一样，需要修建行宫供她休息。于是有了那些为崇拜她而建的小庙，一般只有一间供奉之堂，通常装饰绚烂繁复，活灵活现。其中有一座庙的山墙中心有一个圆圈，其中绘有虔诚的香客们，不畏艰辛到达山顶，祈求泰山老母的庇佑。大群香客至今登临泰山祭拜的盛况，便能说明这一场景与现实多么吻合。大部分香客徒步攀登，富裕之人则坐轿子。

南天门顶峰之下不远，是一级一级的台阶，是人们登临之道，被称为天梯。泰山有四条到达顶峰的路线，分别位于四个主方向，泰山整体也是宇宙世界秩序的比拟。山顶是光秃秃的岩石，高 1500 米，上有寺庙、石刻和宗教圣物。我登临泰山之日,恰逢十月之夜,对山顶湿寒的天气没有做什么准备,山顶庙宇之中,窗户相对而破,风凛冽贯通,毫无准备的我度过了糟糕的一夜。

位于湖南南岳衡山的南岳庙,展现出湖南省特有的优美的线条比例,这里的人们热衷使用细长优美的石柱。

陕西华山西峰陡峭如柱,人们若想登临的话,起码也得预留出两天时间来。尽管登临是危险的,然数以千计的香客们还是每年照样前来攀爬。陡峭的岩壁上装有铁链,起到保护作用,防止跌下山崖。我测量西峰崖壁的垂直高度有 560 米。六月,人们爬过陡峭的石壁,在 2000 米的山顶,可以看到森林郁郁葱葱,花朵美丽绽放。

山巅之处,云卷云舒,显得格外白净圣洁,中国人将之与逝者的观念相连。在山顶的高度,俯瞰著名的黄河拐弯处,清晰如堪舆图一般。

佛教四大名山在佛教传入之前的古代中国,显然已经是颇为著名的了。在五台山和峨眉山,依然可以追溯到古代圣者的遗迹。只不过佛教逐渐将道教驱除出去了,就像现在南岳衡山正在缓慢进行的那样。四大名山成为了四大菩萨的道场,即象征智慧的文殊菩萨、象征实践的普贤菩萨、象征慈悲的观世音菩萨、幽冥教主地藏王菩萨,他超度众生魂魄。其中九华山在地理上毗邻著名的南京火山区。

与其他佛教名山相比,山西五台山,有其特殊之处。寺庙建筑并非逐渐平铺展开,且与神圣至高圣处相连接,而是如此:多达 70 座寺庙建筑,分布在海拔 1800 米的高台之上,环绕着雄伟的白塔,白塔历史近两千年之久。这种环绕的局势,与小鸡仔围绕母鸡甚可相比拟(图 13)。五台山有五座具有象征性的山峰(东台望海峰、南台锦绣峰、中台翠岩峰、西台挂月峰、北台叶斗峰),海拔最高的山峰超过了 3000 米。这里尤其受到蒙古香客的青睐,特别是在冬天严寒之际,他

图 13　山西五台山

们会前来朝拜。

　　规模最大的寺庙（译注：显通寺），其院落格局很好地反映了五台山寺庙的布局思想。大雄宝殿，前檐抱厦，其立面可窥见印度之影响。寺庙后院矗立着塔和略小一些的圣殿，圣殿镀金，精美的细部出自艺术成就极高的明代。

　　四川峨眉山山体海拔 3300 米，其寺庙则要简单得多，建筑的主体和屋顶皆为木结构。这些寺庙能够接纳大量香客，有些寺庙一次就能提供几千香客的食宿之需。山之巅冠有一亭阁，离天似乎只有一步之遥。

　　邻近的一个寺庙中，有一尊真人大小的圆寂高僧坐像，身着华丽袈裟。或许正是此人，为这座最雄伟的圣山，吟唱出了这般赞歌：

　　庄严的氛围弥漫着峨眉山顶，中秋满月依旧熠熠生辉。我邀请月中的仙人,一同来饮酒赋诗。我手执竹杖,一步一步向着山顶攀登。惬意的是,处处都被清风浸润着。我悠然地点燃佛香,向着云雾深处的大雄宝殿前行。

宁波之东,舟山群岛之上的普陀山,是大慈大悲观世音菩萨的道场。观音菩萨用其吉祥之舟,普渡人生苦海上遭遇暴风雨中的众生,到达幸福的彼岸。供奉观音菩萨的寺庙"法雨寺",名出"天花法雨",有许多精美圣迹。

通往山峰之路的前段,有座雅致的石桥相连,上刻有"云扶石"。

而"山高霁升"则表达出了这一思想:攀援上知识之峰的人,才能先享受到佛光恩慈。

自然现实与精神理念的完美结合是中国诗歌和艺术的重要特征。生命不过是幻影。

石桥栏杆覆以雕饰,颇有意思的一个场景:两只山羊在角力,一只小羊站立在侧,一个森林小精灵在树枝上惬意地看着这场尘世间的愚蠢争斗。画面上方边缘程式化的枝叶揭示出画面强有力的收束感,风格化与题材相得益彰。

寺庙大殿有一尊极为优美的观音石膏像,置放在玻璃箱之中。其唇、其眉、其眼,恰切地涂饰以浅红和金色,面容清秀俊逸,整尊菩萨像身着极尽华丽的锦缎法衣,上面绣着:

寻声救苦。

另外一尊观音菩萨,坐在优美的宝座之上。塑像规模并不是很大,但是因其贵重而甚为出名。脸的一部分、胸和颈使用了不规则的珍珠,直径约有 10cm,而其余部分的面、头发和冠饰皆用纯金打造。

供奉菩萨像祭坛之美,在临近宁波城中的一座祭坛之中,亦可寻见。其构造奇妙,慷慨地覆以雕塑、绘画和金箔,烘托出庄严肃穆的氛围。

民居同样也是优雅可见。宁波有一条狭窄的街道，两边皆是富商们奢华时髦的府邸。每幢宅子都可以堪称该类型的典型。三层的立面划分清晰，我们可以从中感受到中国线条的魅力，不过这些线条消散于繁复无尽的细节和雕刻中。宏大观念与细节装饰之间韵律的协调，也正是外在大宇宙和内在小宇宙之间和谐的表现。

高僧墓近普陀山最高峰，是一块风水宝地，舟山群岛大多景色可尽收眼底。僧侣的灵魂，虚无缥缈，像白云一样徘徊，在这里，魂归故里，得以最后的安息。墓碑镌刻着："云归故里"。中国人对于"无"和"空"的诗意，以及完全融入自然的状态，有一个专门的表达，即"空寂"。有一块墓碑上的铭文非常优美地表达出空寂的魅力：

山头一片云，海上三更月。

"五岳"和"四大佛教名山"合数为九，此数满足了中国人隐秘的愿望，即并不把"五岳"和"四大佛教名山"区分为两个非常不同的类别，而是合而称之为"五岳四大名山"，他们是宗教思想的中心，也集中地表达了中国人的宗教观念。我有幸得访九座山之中的六座山，且试图孜孜遍访之，然却时间不让人，我不得不对中国的游历者怨叹：

哎，无奈不能遍访所有的名山，我得回到故里的山中去了。

中国人将山岳视作万物之父。用我们今天的观念来看，这点甚至也是正确的。不言而喻，有山岳才有平原，有平原，才有了我们生活和工作的依凭，因此山岳也是我们生命之精、气、魂的源泉。此一观念在今日中国，其可触可感的现实性，有甚于我们。为山峦所环绕的平原屡遭洪水之泛滥，众多河谷则年复一年地抬高大地的海拔。在山东和河南，让人望而生畏的黄河，持续带来洪涝灾害，其河床已经高出了广袤的平原表面。巨大的洪涝灾害几乎每六十年就会循环降临。这片土地上的人们承受着心里和体力上无休止的负担。地质现实和持续不断地变化积淀在整个民族心里之中，造就了中国永固的童话只是个童话。

每个中国人都能意识到这样的事实：脚下的大地来自山岳，他们对山岳充满崇敬之情。山岳是最早被祭祀的对象。

佛教将这种神秘的力量人格化，于是，数以千计的佛教造像被雕刻在崖壁之上。在唐代（620—907），中国开掘了大量石窟，雕刻了许多佛教造像。难以计数的佛像被刻在那些著名的崖壁之上，成为河道、交通要道和景观的重要标志。四川嘉陵江昭化段崖刻便是这样一个绝好的例子。

这一观念，对于中国人而言，是非常亲切的。因为在他们看来，山岳是生命之源，赋予生命以精神的力量，从而成就生活本身。

位于四川北部，嘉陵江畔的广元县附近的崖刻（图14），很好地诠

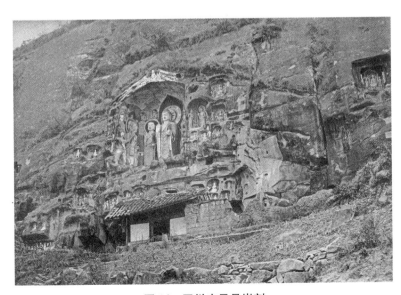

图 14　四川广元县崖刻

释了这类崖刻构造的意义。雄伟的佛像，以及无数其他巨大的菩萨造像，被雕刻在江流对岸的崖壁之上，与之相随的还有一座寺庙。这些造像，代表着神圣和永恒，凝视着穿城而过的江水，赋予了山川神圣的力量。

北京附近的一座洞窟，里面有许多小型的佛教造像，围绕着大佛，他躺倒着正要进入涅槃。

洞，让人们充满了对精神和神圣的想象。中国人对"仙"字的写法，是人与山的组合。中国历史上有一句名人、圣贤和僧侣们反复传颂的名言：

时值暮年，了尽一生的使命。便隐居名山，修得仙道。

在名山之中，茂密的丛林覆盖着野僻的岩石峭壁，隐匿着众多寺庙，那里遁居着何等深邃的情感、诗性和思绪！远离尘世的喧嚣，人们在这里度过了多么珍贵的时光！诚如此处碑文所言：

水流不息　山峦环抱　灵光乍现　月光皎洁　微风纯净　智者长眠

那些悟透自然之道的僧侣，不仅要选择最佳的位置来兴建寺庙，而且还将自然之道内化，此种态度只有中世纪欧洲僧侣们堪与之相比。

我曾在庙台子（图 15）借宿过几日，这算得上陕南的重要山脉——秦岭中最迷人的住所了。那儿离任何大城市都有好几天的偏僻行程。我独自寓居的客房与庙堂相连，该庙堂为纪念公元前 200 年汉朝开国大宰相张良而建。时至今日，人们仍然追忆着他，并将之视作本地的保护神，他出生在此，且晚年告老还乡于此。此处群山环绕，溪流之上矗立着宝塔，茂林修竹，松柏苍郁，寄居于此，深得独处之至美。这座中国寺庙中发生的故事只有亲临当地才能读到：

图 15　陕南庙台子的庭院

明月照耀着松林,蛟龙在松间嬉戏,风中弥漫着山中佛香的味道,仙人悠然自得回到了山林中。

又:

这里,听不见凡俗的喧嚣,遁居几日,它便成了心灵安顿之地。

类似的情形在中国处处可历。崇山峻岭,茂林修竹之中,古寺宝塔若隐若现,寺庙大殿佛陀和侍者的造像,栩栩如生,具有极高之艺术性。

纯粹的岩寺在中国占有很重要的地位,源自深邃之宗教观念与山岳二者的密切关联(图 16)。在山西太原府之北辽阔的黄土地上,高高耸立着一座独立的巨大石灰岩山体,其间密布众多陡峭的峡谷和洞窟,这就是勉山。其中最大的寺庙由大约 30 座建筑组成,都悬于崖壁之上。巨大的洞窟与尼亚加拉大瀑布的风洞相近,或许也有着

图 16　山西绵山的崖寺

类似的源起——来自瀑布。香客们每年只到此朝拜有限的几次，可是人群数量庞大。少量僧侣大多数时候独居，远离尘世。他们学习隐士的修养，有些也真的成为了隐士，于是住在甚至离寺庙也很远的茅舍或洞窟之中。直到今天，情形依然如此。

　　因此，十八罗汉在某种特定类型中被塑造成隐士形象，正如峨眉山的一个寺庙中呈现出的那样，大约是很自然的事情了。这是发源于南京一座寺庙中的著名类型。在杭州西湖边一座石塔上，这些罗汉图像频繁出现,并且在太平天国运动中有幸躲过一劫。该塔有十六面,与佛陀最初的门徒数量相吻合,且装饰繁复,风格混杂。这些门徒形象被雕刻在嵌板之上,貌如隐士。

墓地,与神圣的土地有着密切的关系,多山的地区一般倚靠在山坡或山丘而建,从而能够避开自然的不利影响。这种选址表明,死亡须魂返山岳,回归一切生命所出之地。

在中国,墓葬属于高规格建筑,往往占据最为优越的风水宝地,且用极尽奢华的艺术进行装饰。

四川西部一个家族墓地的立面,其外形在模仿木建筑上,极尽艺术之效能,便是一例(图17)。坟墓前立有墓碑,前面摆放着八仙桌,且配有八个石凳,在特定的日期,或者以特定的周期,供亡灵享用想象中的筵席。

图 17   四川雅州府家族墓地立面

在临近的地域，我发现了汉代墓葬的残迹。除了沙畹①曾描述的山东汉墓，其他汉代坟墓还尚未为人所知。墓葬的台基大体相同，但是四川和山东两千年前在艺术上的不同就已经很明显了。山东艺术严肃而富有秩序感，这里那些蜷缩在角落的人物，以及柱础间栩栩如生的雕绘，呈现出的是对风俗和生活的追求。不同省区在艺术上的差异，在这个例子中只是简要提及下罢了。

四川省之美，颇受赞誉，墓地风景便可略窥一斑，墓地依山势而建，植有松柏，山巅的一棵树，更是强化了中式韵味。

牌楼，追忆着逝者。在中国各处的道路上，屡屡可见，尤其是在山东和四川。在四川，多以红砂石来建造，曲面屋顶，灵动生气，使得建筑轮廓富于变化，而其作为整体的和谐，则是一以贯之。

离广州不远的梧州府，有座巴洛克式的牌楼，带有几分印度趣味。细细究查那些业已模糊不清的雕刻，可见其工艺精湛优良，且暗示着某些特定的事件。

在四川，寺庙和民居的正立面常常用到门拱券。一切都极尽奢华地去雕绘，柱头的装饰极富艺术性，饰以细小的蓝色和白色陶瓷片，闪耀夺目。

在四川，有胜于其他省区，交通要道和原野的自然之美，常常为那些寺庙、桥梁、祠堂所点缀，亦如锦上添花，联系着无数海外游子的思乡之情。土地庙处处可见，即那些路边小祠，用以供奉一方的土地之神，如同我们文化中的地方守护神。怀着感恩之意和虔诚之心的信众，捐施大量石柱，常常把庙堂和树木环绕起来。

那些最负盛名的庙所前，通常供奉的东西也最为丰富。在自流

———

① 译注：沙畹（Emmanuel-èdouard Chavannes, 1865—1918），法国汉学家，最早整理和研究敦煌和新疆文物的学者之一。

井我曾在路旁边见到过一个土地庙,路边有一根石杆,稍后位置有一雕刻着佛头的石柱,旁有焚香炉,还有一座漂亮的观音祭坛,所有这些形成了一个避难所,被丛丛竹林环绕,竹林以其名而存在:"观音竹林"。中国人处处都将他们的灵魂融入到自然之中,有碑云:

凡世间的欲望,皆为虚空。若你在心灵之地供奉观音之像,将得以永恒。

中国人在建筑平面上,私密亲切和雄伟壮丽相结合的诉求,在当朝皇家陵寝的营建上体现得淋漓尽致。帝王们的陵寝坐落之地是一片松柏林,长 10 公里,宽 8 公里,且依山势铺展排列。依偎在这片树林中的是巨大的皇陵,每个陵墓都绵延数公里。门和桥交替呈现,接着是两旁站立石像生的神道。宝顶前有明楼,其结构分为几层,明楼前则是拜谒和祭祀的地上宫殿。整个布局在比例上平实,但是建造上坚固,用材讲究。

这类建筑当然会特别体现出对逝者的考虑。不过中国整体上就以祖先崇拜而闻名。平民百姓在家中赞誉先祖,或者到墓地去祭拜。富裕之家则会在住宅中建造专门的祖堂,或者勘择佳地,营建宗祠,其雕饰精美,难以名状。

在柏林的一位中国留学生陈氏,广州家中就有这样一座宗祠,为三进制的院落组合。祠堂客厅漂亮、通风,且装饰华丽,两侧有四张茶几,八把座椅,与八仙对于"八"的排列异曲同工(图 18)。

该祠堂的五个厅堂,装饰华美,可以容纳 4000 多个小的祖先牌位。每个厅堂前面都有仪式之用的五个蓝色供瓶。宗祠一切大小之物,用材尚奢,在建筑功能上也极其实用。

山岳具有重要的意义,不仅体现在寺庙、墓葬和宗祠的选址之上,同样也表现在人居城市的选址之中。在其他条件具备的情况下,

图 18　广东陈家祠堂的会客厅

他们倾向于依山而居住，若是此山附近有河流流经，那么就定是一个绝美理想的居住之地了。中国人称之为"风水"，意指城市依山傍水，乃为佳地。大城市，以及其他几乎所有的城市，其选址几乎是极具智慧地将自然环境和工业利益结合起来，最大可能实现环境的自然之美。中国人以艺术化的方式，将人工营造与自然环境完美结合起来的追求，让人有些不可思议。四川省的大多数城市在选址上都颇具匠心。长江支系的岷江之都——嘉定府，就是绝好的例子。欧洲的蒸汽炮艇能够驶达这帝国的内陆深处，其中也有德国的炮艇"祖国号"。江水向东和向南，嘉定府位于拐角处（图 19）。城内地势向西北逐渐升高，最高处为一座山，被人们视为城市之宗祖，是城市生命之气和精魂的源泉。基于这一观念，人们在山顶建有山神庙，祈祷神灵对城市的庇护（图 20）。该庙之中，供奉着以玉皇大帝为中心的众多神仙。玉皇大帝被认为是山岳之统神。他以三种形态现身，依次排

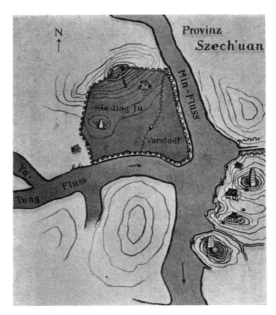

图 19　嘉定府城市图

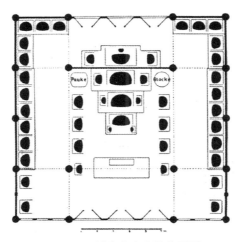

图 20　四川嘉定府山神庙平面

列，因此，最前面的形象与人更为相近，而最后面的形象在神庙昏暗的阴影之中。这是三位一体的一种特殊版本。它源自最高原则，被安置在祭坛的最里面，但是在祭坛之下，这两种力量仍然是一个统一的整体。神殿中簇拥着各路神仙，代表着美德和具体的宗教观念，以具体的造像形式表现出来。整个神庙呈现为中轴对称的布局。轴线两侧两立柱，栩栩如生地雕刻着龙的图案。中轴线延伸之中央则是内殿。

河流从东南面的悬崖峭壁下流过，那里矗立着护城、祈福的宝塔。在中国，有这样一个规律，城市的东南通常有塔，要么是在城墙之上，要么在城郊，为文曲星而建，该星位于大熊星座。在山西，这类文昌塔在村镇处处可见，且形态各异，优美动人。在嘉定府，有许多具体的举措，用以保证其神圣有效性，守卫城市的安宁。城市对面的崖壁上雕刻着许多佛像，其中一尊佛陀站立像，高达6米，而另外一尊巨大的坐像则高30米。除了供奉着神像的石窟和古代寺庙之外，那些巨石之上，还刻有此前提及过的八卦。其中一座寺庙中，保存着涅槃高僧的金身。这里还有苏东坡和其他一些诗人的纪念祠堂。因此，城市东南被认为是风水宝地。"古岳寺"在山顶俯瞰全城，与城中的另外一座塔构成均衡对势。这个地区的美，或许可借一座山庙中镌刻的文字来想象和传达：

这是怎样一块风水宝地。这里，人们能看到河流环绕，南边是广阔的平原，向西望过去，峨眉山最高的三座山峰便映入眼帘。

山神，以及山巅形成的三角，体现为山庙主神的三角。对于部分中国人而言，这让他们想到佛教的三世佛和中国宗教信仰的三个流派，即儒道释。

类似的城市在美丽的天府之国四川处处可见，不过在其他所有省份也有。那些城市的共有之处、典型之处在中国大陆最南端的广

东省首府广州也可以看到（图21）。广州城坐落在白云山不远处，该
山作为城市之宗祖受到崇拜，城市东南立有一座塔，镇守着这种城市
的灵气。白云山巅有一座五层的寺庙，最高一层的大殿中供奉着两
尊坐式神像，俯瞰和庇佑着当地人的日常生活。这两座神像，一位是
掌管智慧和学识的文昌君，另一位则是以英勇著称的关老爷，中国人
称之为"一文一武"，翻译为欧洲的语言可以说成"文明"和"军事"，但
是在中国，意义远远比这个复杂、深奥和丰富。他们守卫着城市，城
市繁荣昌盛都取决于他们的庇佑。

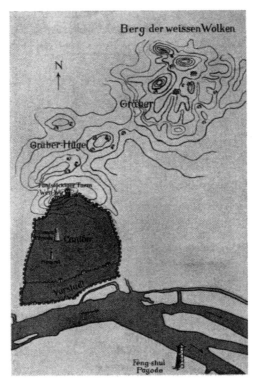

图21 广州城市图

广州北依著名的白云山，白云山是广州得以形成之山。逝者的灵魂仿佛白云，当白云山为厚厚的白云笼罩之时，人们便会认为逝者的灵魂在山上聚合，同时也意味着新生命即将从这里开始。一切有生之物，都周而复始，循环往复。

白云山上的墓地，以城市之北为起点，继而延展到整个白云山，是生命循环观念最精恰的表述，在那些优美的寺庙之中，供奉着数不清的神灵，不仅仅是现世的庇护者，也是来世之路的引领者和理想归宿。这片墓地对中国来说，可称得上是一片规模最大的、独一无二的巨大墓群。在一个 12 公里长、数公里宽的范围内，坟茔密密麻麻布满在山坡之上、山谷之中，直到山顶。如果说这个墓地的坟墓数量有几百万，也毫不夸张。有些坟墓简单，有些墓冢阔气，也有些可堪称艺术之作。

它与"死而复生"的宗教观念有着重要关联。山名因逝者故名为白云山，旨在强调"从生到死，死而复生"。

山体高处，在远离凡嚣的地方，有些单独的雄伟坟墓，周围环绕着茂盛的树木（图 22）。当人们伫立山头，鸟瞰和沉思广州芸芸众生喧嚣忙碌的生活时，便明了现世的变幻、生命的轮回，以及死后世界的难得宁静。此时人会把空和无的境界当作惬意的享受，认清现世和自身的虚无渺小，于是他既是中国人，也是佛教徒。这个观念在寿星的形象中得到深入的体现：白发的年老智者，手持着象征世界、解释生命存在意义的八卦。

中国人因此体悟到他们与自然的紧密关联：从自然而生，又复归自然，生命在他们的子子孙孙中得到延续。他深知自己不过是世界的过客，他在其所处的世界之中并非不可或缺的部分，而世界是一个伟大而崇高的整体。这完全是一种泛神论的思想，也是这个民族社会本能的直接源泉。然而，中国和印度之间，存在着本质的差别。

图 22　广州白云山上的墓冢

中国人的理想境界是造物的伟大和整体性，他们将这一思想体现在他们的艺术和宗教之中。但是，作为一个注重实际的民族，他们意识到，只要他们寄居在这个世界之中，他们便应该尽可能地把生活安排周全。因此，他们清醒的务实精神，劳作上的坚持不懈，都应带来生命和欢愉的馈赠。最高的理想主义与现实感的融合，使得中国人富有生气，且理所当然地将其观念发展成熟，得到接受和尊重，可以与我们纯粹的个体主义文化平起平坐。或许是因为在中国的泛神论中，相当程度地融合了个体主义文化的因素，所以比起他们耽于梦幻、脱离世俗的近邻印度人，中国人在本质其实与我们更接近。

　　我们可以看到，国土和历史如何共同塑造了中国人宏大的整体性观念。中国人的宇宙结构被分为太极中的两仪，即阴和阳，进而形成八卦，用以象征物质世界和谐富有节奏的多样性而发展。最后则是人与自然构成的整体。我们将自然哲学分为物理、机械力学、多样性学说，以及逻辑学和生物学，与中国人对宇宙的划分并没有多大的不同。显然，人类总是共通的。然而，独特的观念，以及在泛神论倾向中将这些元素结合起来，给予中国文化一个独特的内核，并为艺术的发展做好了有利的准备。

五、《中国"三教合一"举隅》(1911)

编者按：本文发表于《民族学杂志》Zeitschrift für Ethnologie，43. Jahrg.，H3/4(1911)，pp.429-435。*原是应穆勒博士*（Herbert Müller）*之请，对其关于中国道观研究一文*（"Über das taoistische Pantheon der Chinesen"）*进行补充。作者举出若干寺庙的实例，对中国寺庙道观等宗教场合"三教合一"且相互斗争的特征进行了讨论。*

中国人将其宗教感悟和宗教需求的诸多面相表现为三种确定的形式，即"三教"：道教、儒教和佛教。尽管这样的划分并非完全周密，例如，它并没有为国家祭祀和祖先崇拜留下位置。不过至少为进一步的深思提供了核心框架。中国人自己主要在寺庙和道观的建造中对"三教"进行了区分，尤其体现在对其供奉神灵的不同安排。

"三教"并非只是像表面上那样彼此紧邻，而是共同扎根于中国思想之中，而它们又构成了这思想的一部分，所以中国人觉得应该合三教为整体。寺庙的碑铭，曾鲜明地表述过这种统一性。它也体现在僧侣们常津津乐道的三教平等观念，乃至诸教皆平等的说法。三教只是形式有别，它们惯于宣扬宽容，其实是因为人们相信事实如此。于是寺庙中那些造像便化身为这种统一性本身。作为比其他两家古老得多的道家思想创始人的老子，同孔子、佛陀一同端坐，和睦共处。几乎所有的地方都能觅见这类寺庙或道观。

　　在我穿越中国的旅行途中，曾在四川北部见到过一座寺庙，其平面结构可为示例。该庙位于绵州和罗江县两城之间，著名的军用公路旁，该公路从陕西贯穿到四川首府成都。它坐落在圆形山顶之上，在广袤起伏的丘陵上独树一帜。其独特之处在于整座寺庙全部用石头建成，柱子也是用石料，因此也被称作石庙（图 1）。寺庙分为两部分，由围合的两进院落构成，向外延伸的屋檐把露天院落的部分压

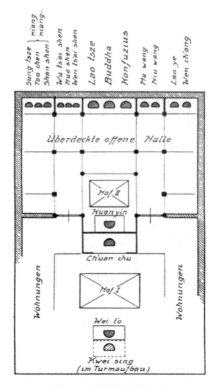

图 1　四川罗江县石庙

缩到了最小。第一进院落周围环绕独立的居室,第二进院落则构成了开放大殿的部分。这种大殿在四川,以及中国的中部和南部很常见,通常是作为一座寺庙的主殿。中国的神灵们在"三教合一"上堪称达到顶点,他们的布置体现出三种宗教信仰之间奇特的杂糅。

进门映入眼帘的是一座塔形建筑,里面端坐着魁星,掌主文章、文运之神,位列大熊星座昴星团,是地地道道的道教神灵。然而按照属性他却与孔子相衬,常常以文昌(图1)的形象被供奉于孔庙东南方位的楼阁或殿庙之中。与魁星背对背站立的是佛教护法之神韦陀。韦陀目指寺庙内部,面朝一座双层祭台。里面供奉着前院主神"川主"——李冰,著名的工程师,他治理灌县岷江,为成都天府之国的富庶打下了基础,后在四川各地被奉为神灵,受到人们的祭拜。此种将历史人物升格为神灵的情况中,道教和先祖崇拜呈现出某种程度的相互融合。

与川主李冰背对背端坐着的是佛教的观音菩萨,然从根本上而言却是一位大慈大悲的中国女神。她目视着位于大殿众神序列正中间的三位一组的佛陀造像。她在这里被安排为三教神灵的最高代表,进而使仁爱和慈悲显现人间——这其实也是一切宗教共同的主旨。这与她在纯粹佛教寺庙中立于三世佛的背面时所起的作用一致;观音菩萨宣示的那些品质也是佛教教义不可分割的部分——一如她背后的三世佛。

三位一组的佛陀造像位于老子和孔子之间共同的佛教祭坛上。位于孔子旁边的两个供台各有两尊造像:紧靠着的是马王和牛王,这两类动物对于战争、交通和水稻种植具有至关重要的意义;次之为老爷,重大生活方式的主神,通常也称为战神;与之并排的是文昌,是掌管文章和文运的神,也是魁星另外版本的形象。这两座造像一文一武,代表着民事与军事,文武双全是中国公共生活的观念。

与之相对的另外一边，首先是一个三神合供的祭台，位于中间的是火神，分列两侧的是文财神和武财神，他们分别掌管着精神和实务的运程，对应着刚刚所举的民事与战事。这种双财神通常会整合为一个形象，在寺庙中屡见不鲜。文财神，就像在这里一样，始终占据着东边的上位，而掌管实际事务的武财神，则居于西边稍微次一等的位置。火神，是一位掌管火和干旱事务的颇让人生畏的神灵。人们把他安排在两位财神的中间，以此谄奉火神，并希求祛除他带来的不详的灾异。西面最外侧一角的神龛，则留给了三位掌管家庭事务的女神，作为与之相对应的东面神龛，里面供奉的是负责民众公共生活的一文一武两位老爷。三位女神分别是：送子娘娘、保护婴幼儿不受痘疹之灾的痘疹娘娘和山神。最后一位我并不能完全准确断定，但应该是指山神娘娘。

三位一组的模式，以及其他众多神灵的分组展现出了中国式布局精巧的节律性。从外在来说，这是借助了轴向秩序，以及与之相关的寺庙体系；而从内在来说则是借助了它与宗教思想的逻辑上的关联。

上述例子提供了三教和睦相处、合而为一的图景。在有些情况下，三种宗教信仰之间的相互渗透几乎是充满着相互斗争的特点，其中的某一种宗教试图努力获得优势的地位。多数情况是佛教占优，它的宗教内涵，它完善的、感官上令人印象深刻的宗教仪式，使得佛教压倒了更倾向于玄谈的道家，以及抽象的、讨论伦理纲常的儒家。以上这种情况在两座道场表现尤为明显，即位于西部的佛教圣山峨眉山，也是普贤菩萨的道场，还有古老中国的南岳衡山。

在峨眉山，佛教的征服历程几乎已经完成，很久以前佛教便在此获得了完全的胜利。然而，古老中国自然神崇拜的道教因素依然残存甚多,几乎每座寺庙都能在神灵造像、各种图像和碑文的形态中发现这样的因素,由此可见峨眉山早在遥远的古代便已是圣地。现在所有这些因素在佛教胜利的光辉下都隐退了,佛坛上供奉的主尊处处都是普贤菩萨或三世佛。

在今天仍被奉为古老五岳之一的湖南衡山,我们依然可以看得到两种宗教之间的相互竞争关系。不过佛教在此还是占据优势。山脚下的主殿由僧人掌管,道士们则被排挤到小小的偏殿中。从山脚到山顶,大大小小数不清的寺庙,主要还是佛教势力说了算。虽然仍然有一些路边小殿小庙(图2)不受佛教影响,例如五岳庙,一座供奉着五岳神灵的通廊殿。但是恰恰主庙都是佛庙,道教沦落到第二位甚至是第三位。佛教的僧侣们夺走了这里的信仰。

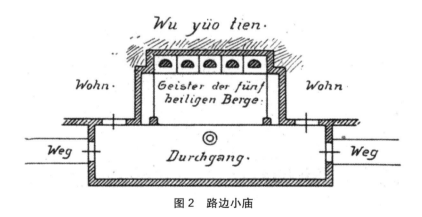

图 2   路边小庙

位于半山腰的铁佛寺(图3),供奉着主尊阿弥陀佛和其他诸多佛教神灵。在其前方正中,供奉着道教的玉皇,即玉皇大帝,他是最高神灵上帝的世俗形象,带有很强的人格特征和民俗意味。玉皇大帝东侧是南岳神公,西侧是南岳神公的妻子南岳神母,其恰如其分地遵循了西侧为女性(阴性)的原则。(图4)

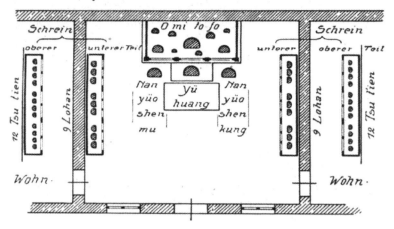

图 3　湖南衡山铁佛寺

图 4　湖南衡山铁佛寺　南岳神公与南岳神母

在该殿两侧的墙边,各放置着两层木质神龛,玻璃背后的龛内有下面这样一些神像:两层下层各有九尊罗汉,共十八尊,上层各有十二诸天,共二十四尊。(图5)我时不时听别人说起名为"zhu tian"或"chu tian"的神,但我并不能逐一识别他们,也没有人能帮我写下这两个汉字。不过诸天并不罕见,尤其是在四川地区,在寺庙大殿中常常可以看到真人大小的诸天造像,有时只是诸天,有时是和这里说到的铁佛寺一样,是诸天和十八罗汉一起的组合。诸天的标志物主要还是道

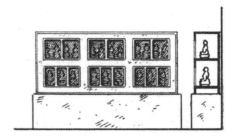

图5　铁佛寺九罗汉和十二诸天

图6　峨眉山万年寺二十四诸天中的三尊诸天造像

教的,我们很容易联想到,这二十四个形象与中式历法中依据太阳运行划分全年,以及每一日的时辰划分有关。无论如何,诸天几乎不可能是起源于佛教。上附的图片展示出了诸天的一般形象,此图源自峨眉山最大的寺院。

　　同样的诸天还可以见于上封寺(图 7),该寺庙径直矗立在山峰之下,是除前者(万年寺)之外同一高度上第二大的寺院。在这座寺庙中,佛教获得了完全的胜利。山门由四大天王把持,山门大殿背面是韦陀,面向大雄宝殿。只有按照仪轨应该供奉弥勒佛(即大肚佛)的位置,被老爷(即战神)占据了。大雄宝殿主座供奉佛教三身像,分别是阿弥陀佛、释迦牟尼佛和药师佛。两侧的墙前,分别有 $2 \times 9 = 18$

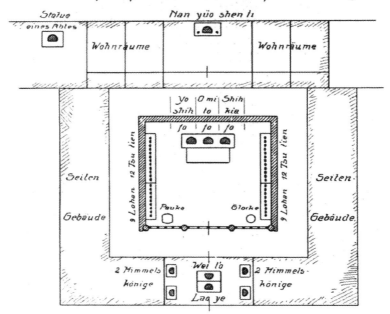

图 7　湖南衡山上封寺

罗汉持座于台基之上,与之紧挨着站立着 $2 \times 12 = 24$ 诸天像。而南岳真正的主神——南岳神帝,失去其显赫的地位,被放逐到大殿后面的一座小殿之中。但至少还是位于中轴线上。其中的一个侧殿中,供奉着一尊从前道长的塑像。如此一来,此尊曾在此修道的道长塑像的存在,为该座道教,尤其是佛教的寺庙又融入了祖先崇拜的观念。

此篇短拙之文,原是应穆勒之请,对其关于中国道教众神研究一文进行补充,可以为中国宗教融合这一有趣章节提供一些具体的例子。恰恰是在这类三种宗教交融存在的寺庙中,我们才得以可能对每一种宗教进行分析,且准确认识到它们各自的地位和价值。

六、《绥远白塔：天宁塔的演变形式》(1938)

编者按：本文德文标题为"Die Pait'a von suiyüan，eine Nebenform der T'ienningpagoden"，发表于《东亚杂志》(Ostasiatische Zeitschrift. NF 14.1938，第185—208页)。

新近的一次中国之行，我得以有机会于1934年10月前往中国北部，抵达带有浓郁蒙古族特征的绥远省①。我在那里发现了一座别具特色的古塔，且对其进行了精确的测绘。这座古老的建筑建于公元1120年左右，即鞑靼人（女真人，满族的前身）建立的金朝统治初年。在拙著《中国宝塔》的第二部分中，曾将它作为天宁寺塔的成员进行探讨。不过这座塔在诸多方面，尤其是建筑史上的价值，值得跳出前作的框架，在此专门深入讨论。

白塔矗立在广阔的蒙古大草原，位于当今与该省名称相同的省会城市绥远县东约40里，或22千米（图1）。这座城市建于清太宗统治时期的天聪六年（公元1632年），这个时间甚至早于满族王朝开始

---

① 译注：绥远省原为中华民国之一级行政区，包括今内蒙古自治区南部地区。在清朝为归绥道，属山西省，1914年袁世凯政府将之分出山西，与兴和道建立绥远特别区，1928年改称绥远省，省会为归绥（今呼和浩特），1954年并入内蒙古自治区。

统治中国的公元 1644 年。乾隆年间,以北京为蓝本扩建了城墙和角楼,设置行政辖区,故而今天仍然被人们称之为小北京。真正的老城是一座贸易城市,位于归化,在绥远西南仅 2 公里,其不同凡响之处则在于那里有大量著名的喇嘛寺和一座五层的塔。归化与绥远两座城合在一起,又被称之为归绥。民国重新进行区划之前,这一地区很早就已经叫做归绥,隶属山西,位于山西北部,为朔平府府衙所在地。在府志中应该对这座塔有所提及。遗憾的是我尚且未能看到府志。

自 1921 年底以来,蒙古铁路(即后来的京包铁路)经张家口和大同连通了北京和绥远,全长 652 千米。这条铁路后来延伸至位于黄河北端转弯处的包头。在助手夏昌世博士的陪同下,我们从这里,在考察返程途中乘坐火车经萨拉齐于 10 月 23 日傍晚准点抵达归绥。火车站名为绥远,但我们住在归化相当现代的一个中国宾馆里。时值蒙古初冬,已是格外寒冷。

第二天早晨,从一位热心的当地官员那里,我们了解到这个城市和地区,尤其是本地著名文化古迹相关的一些详细情况。我们从手头一本最新的《归化县志》手抄本上,摘抄了一些重要的信息。白塔是该地区著名的名胜古迹之一,归绥二城的八景之一。我最早了解到白塔缘于一本官方的旅行指南,以及一本京包铁路段的画册。这两本书是铁道技术部部长(译者注：顾孟余)送给我的礼物,考察旅行期间诸多方面也得益于他的帮助。后来又注意到这座塔,则是因为路途经过一个火车站——白塔站,该站位于归绥东。现在,根据这位地区官员的介绍,我们决定对这座塔进行照片记录和测绘。

10 月 25 日一大早,我们离开了位于归化西南的宾馆。在入口大厅我们通过了看管森严的警卫室,他们穿着厚厚的毛皮大衣,全副武装,并配有机械手枪,在那里守夜值勤。我和雇用的勤杂工人等一起坐上了三辆黄包车,他们同样也用毛皮大衣裹得严严实实。车行三

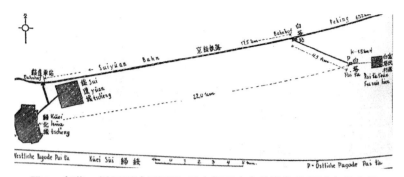

图 1 归化—绥远双城平面图，图中标示火车轨道和位于城东的白塔
（比例尺：1∶200000）

公里有半，穿过郊区和城市，行驶在一条新修的主要街道上，周围是
打满白霜的草地和零星的建筑，最后到达了火车站。

天既白，闪闪的星星逐渐失去了光辉，刀割般的寒冷却依旧弥漫
在非常简陋的三等车厢，这也是当地火车中唯一的客运车厢，其他都
是货运车皮，以及一些部队士兵调配的车厢。挤在四十来位冻得瑟
瑟发抖的中国人中间，历时半小时，行程 17 公里有余，在近八点钟的
时候，我们抵达了白塔站。车站又拥挤着一群正欲上车的农民。精
明能干且热情的车站主任接待了我们，他是一个广东人，穿着笔挺的
制服。我们在他供有暖气的办公室稍作休息，喝了些热茶。咨询了
相关情况后，我们和向导、挑夫一道，穿过平坦的草地，向着白塔
前进。

朝着正西南，径直走在空旷的草原上，或走在步行的小路上，或
循着车辙前行。我们的目的地是那座塔，在火车快到达时我们便已
从远处见到它的身影了（图 2）。此刻，这座塔矗立在我们前方，在一
眼望不到尽头的草原中间，越来越清晰地呈现在我们的视野之中。
敦实的方形，几乎没有尖顶，用中国旅客的话来说，就像是一张展开

图2　城墙与宝塔的西南外观，塔前是此前寺庙城墙残迹，远处是阴山。

图3　草原步行至孤塔

的方巾，垂挂在空中。向着更远处，这座塔便是制高点。回望则是绵延的阴山，山脉水平延展与铁路线相伴有数百公里。山脉像一堵墙，在北部将高原和绥远阻隔开来，绥远本身海拔已有1000米左右，而阴山指向了更高处1500米左右的新高地。那里直至今天，蒙古部落依旧在四处游居，只有一些著名的寺庙作为定居点，那些寺庙通常建立在山顶和山谷。

西风如刀割，我们穿过冰封的溪流和小池塘。这块水资源丰沛的区域，向西南引水入黄河北端的转弯处，然后引到萨拉齐的一片新灌溉牧场。后来，傍晚返程途中，由于中午太阳的几个小时的照射，地面也随之升温，我们偶尔在一些软绵绵的位置遇到麻烦，深陷到泥泞之中。但是现在，我们已经穿过了一座由黄土房子和黄土庄稼地构成的小小草原村庄，进入到容易行走、干燥的地面上，地面起起伏伏，被低矮的白桦林覆盖。之后，经过一个小时的行程，距离火车站还有 4.5 公里，在坑坑洼洼的道路旁，我们到达了塔的前方。

向东继续行走大约 1.5 公里左右，白塔村简陋的房屋便映入眼帘。后来我们在这个村子午休，和一群农民一起，他们是地地道道的中国人，不过是带有浓郁北方特点和蒙古特征的中国人。这个村子源于之前的富民县。该县在公元 1120 年之前的辽代建立，方圆 5 里（或 3 公里），曾经隶属丰州这个地区，不过作为城市早已废弃了。作为古城的残存，按导游的指示，这里有一块金天辅时期（1118—1123）大明寺的石碑。这块石碑提供者为张建中，来自"云中"，这是大同或者西京的古称。长城另一边的丰州地区也属于这一片区域。石碑上的字几乎都被风蚀了。同出于此一时期的，还有我们将要看到的白塔。如今的村庄，范围依然相当大，房屋低矮，四面合围起来的农舍多为黄土和黏土夯成，其中稍好些的用砖建成，有厅堂，瓦面屋顶，分布在村落长长的、宽阔的街道两侧。这座村落现在大约有 1800 名左右的村民，其居住点在面积上与老城差不多是吻合的。

我关注的重点是宝塔建筑形式上的完善及其周边环境。老远的地方便可以清楚看到：塔层之间只是很小幅度的变化，外在的轮廓也只是略微有些细缩。粗略的印象在走近后变得更直观了，因为这里周边已经不存在任何其他建筑物，因此也失去了参照的尺度（图2）。但是显然，此前这座塔是一座大规模南向寺院的北端建筑。这种布局在蒙古地区恰恰是非常普遍的。南面仍然可以清楚地看到一组低矮的围墙，围成百米来宽，几百米长的矩形，这大概是此前寺庙院墙残存的最后遗迹了。不过以前的建筑都荡然无存，墙内墙外的土地都被平整为耕地。与之命运不同，塔附近的一段围墙却保留了下来（图3，图4）。墙高2米，由砖和黏土砌成，围合成边长56米的正方形，塔居于正中央。院墙将这个区域与其他区域隔离开来，并在南面设有一门。这种布局让我马上联想到天宁寺塔的平面布局，该塔位于从前的天宁寺，在北京的西南角。这种布局表现出塔楼建筑的一些固有特征，这些特征指向了北京的这座塔，并将其作为建造典范。我据此将这类塔命名为天宁寺塔，当然他们之间也存在着其他一些本质差别[1]。

天宁寺塔的特征

八边形天宁寺塔是一种高度发展的建筑形式，有必要先对其主要特征作出说明。因为在整个中国北部地区，许多相类的塔都是以北京天宁寺塔为范本进行建造的。本文中我们要讨论的白塔，尽管在很多方面有所差异，但是没有这个范本是无法被真正理解的。

---

[1] 笔者相关文章有：《隋与唐早期的宝塔》("Pagoden der Sui- und frühen T'ang-Zeit")，发表于《东亚杂志》(Ostasiatische Zeitschrift)．Neue Folge 1. 1924，见 202 页及以下几页，平面图见 207 页。根据新的考证，北京这座塔，始建于公元 602 年，而今天的形态从根本上而言则是在辽代（公元 1048 年）重建的产物。

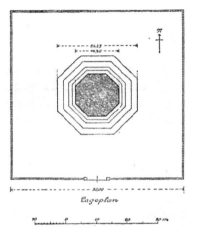

图4　绥远白塔：宝塔(带围墙)平面图
（比例尺：1∶1200）

　　天宁寺塔并没有采用流行的整一性布局，而是清晰地分为三部分：基座、塔身和楼阁式塔檐。平座之下设有塔阶，塔檐之端冠以帐篷式塔刹，加起来整个塔就由五部分组成[1]。平座被分为若干层，饰以造像和装饰，最上一层周边，勾栏围合，上端则承以层层叠叠的仰莲瓣，由此做成了明显的仰莲座。在这个基台之上，则是塔的主体部分，人们恰切地称之为庇身之所的塔室。因为其中端坐着佛像或佛的其他化身，有时候也用于供奉舍利或其他圣物。塔身位于围墙之内，墙体四正面辟四门，余四侧面为直棂窗。外墙砖雕为释迦牟尼佛、菩萨、金刚力士，以及其他佛教人物和象征物。塔身之上，叠出密檐2—12层甚至更多，塔檐由砖雕斗拱和单层坡顶构成。塔冠在那些最佳典范式的宝塔中，是由一个巨大的塔顶和火龙珠组成，这个宝珠将楼塔的宗教内容引向上天。

———

① 　图可参见《中国建筑艺术与景观》，Taf. 8, 10；《中国建筑》，Taf. 320 – 325。

此一形态之塔，最早始于河南嵩山嵩岳寺的一座大型砖塔。在那里矗立迄今的塔，依然还保持着公元 520 年建成时的形态，即平面为十二边形。晚于此建成的天宁寺塔，有许多衍生形式。方形的天宁方塔无一例外都没有卢舍那台和分级平座。其他类型的都有这一特征，却没有明显的层级，或者干脆以整一的塔身来取代各种层级。这点非常重要，因为它决定塔的外观印象，到底是一座级塔还是一座层塔。天宁寺塔的特征只是表现在平座和层级的构造上，故可以将之纳入此类塔之中，而不是仅仅从外表上根据层级来归类。

这里要讨论的白塔恰恰就是如此。绥远的归绥白塔呈现为明显的七层，但是却还是应该视作天宁寺塔的一个演变形式。因为它符合天宁寺塔的几个主要特征，即平座仰莲台，以及位于最下两层突出的塔身构造，且在角柱之间用菩萨、金刚力士、云龙等作装饰。

文本诠释

有关此塔的中文文献，我只了解到一开始时提及的那两种。它们的内容少得可怜，不过却提供了确定的年代信息。篇幅庞大的介绍山西省的《山西通志》压根没有提及该塔，另一本题为《山西志辑要》简史中，只是略微提到一些简短的信息，而且文字所提供的内容，并没有超出这里接下来的翻译的段落。在图 5 中录有两段文字：第一段（Nr. 1 见右），第二段（Nr. 2 见左）①。

① 归绥白塔相关中文文本；1. 右：绥远省归化地区有关白塔，以及它在金代天辅年间（1118—1123）营建文字的摘录；2. 左：1926 年北京到绥远铁路沿线地区的旅行指南对绥远白塔的介绍，其主要内容来自张鹏翻穿越漠北地区以及造访白塔的日记。在有关此段铁路的图册中，白塔图旁配有同样的文字说明，这些文字显然是出自官方编撰的地方志。

錄歸化縣志

名白塔下有石香亭柱刻金天
輔年號在廳東故豐州城即白
塔村朔平府志華嚴經塔亦白
塔寺石柱題字天輔中立

白塔

在站東南七里塔周三十六步
高七層遠望如匹練垂空不見
巔際登臨眺望目窮千里張鵬
翮漠北日記云十七日行四十
里有廢土城周圍可五里側有
浮屠七級高二十丈蓮花為台
砌人物斗拱較中國天寧寺塔
巍然內藏篆書華嚴經萬卷
時閱經人姓名俱漢字平章登
拾級而上可以登頂嵌金世宗
二層有喇嘛經二葉橫書蒙古
字無有識者仍返原處土塔寸
許者數枚剖視之或麥或糜云
是念佛所積供入塔內巍存四數
步有井甘列今塔尚巍存四壁
均頹敗不可登惟聞華嚴經尚
存在云

图 5 《录归化县志》与《白塔》

1 录归化县志手抄本

在著名的白塔下，有一座石香亭，柱子上刻有金代天辅年间（1118—1123）。亭东边是丰州故城，白塔村曾隶属该地区。据《朔平府志》载，白塔寺石柱上的"天辅"题字与华严经塔相关。

2 京绥铁路旅行指南中的白塔文本

塔位于火车站东南 7 里，周长 36 步（pu）（1 pu＝1 个两步＝1.5米，故总计 54 米，这个周长大约与栏杆的高度相匹配），高 7 层。从远处观之，如空中垂挂展开的帘子，看不见其尖顶。如果登临远眺，1000 里以外尽收眼底。张鹏翮在其蒙古北部旅行的日记中说：第十七天行走途中，我们发现了一段废弃的土城墙，方圆有 5 里，旁边有一座七层的塔，高 20 丈（约 60m 高），上有莲花台，上面雕砌有人物造像和斗拱。与其他天宁寺塔相比，此塔更为华美。里面藏有篆体书写的华严经一万卷。人们可以进去，并且登临塔顶。墙上嵌入的牌板上，上有金世宗（1161—1190）年间在此研习经卷者的名字，所有文字用的是汉书平章体。我登到第二层，取出两片蒙古文横向撰写的喇嘛经叶。没有人能识读，我又将之归还到原处。还有好些数量小土塔，大小1吋(Zoll①)有余。剖开一看，有些是麦子，有些是米粒。有人说，这些东西是作为向佛祈祷的祭品被带到塔里来的。（塔旁边?）几步之远，有一口井，井水甘甜、冷冽。现在塔依然是巍然矗立，而四壁却严重破损，无法继续往上攀登了。（? 或许原作者说的是塔基下面的墙。意思并不明确，因为他曾解释塔的内部是可以登临的）。《华严经》现在还保存在那里。

遗憾的是，旅行者考察该塔的时间还无法落实，所以也就无法确切知道观察到的状态到底是在什么时候。如此大规模的华严经卷，他并未亲眼见到，当时就被放在塔内，很难想象到底是什么样子。因为并没有足够的空间来安置它们。按照供奉舍利的方法将其嵌入墙内，或是放到地宫之中，都是不可能的，因为这与习俗相违，同时也不便于使用。但是，可以肯定的是，这套著名的经卷样本是建造这座塔的初因，之前它们或许被安置在附近寺院藏经阁中，现在该寺庙也已不存在了。之后这座塔因寺院而得名，塔名被记录在其南面的碑铭之上。

经卷放置的一种可能，就是在塔的内部，每一层回廊的、现在已经空荡荡的壁龛之内叠放起来(图9)，尤其是在最顶层引人注目的祈殿(译注：天宫)(图12)中。偶尔也存在这种情况，即经卷被保存在位于塔的最高处的祈殿之中。最著名的例子要数长安—洛阳的大雁塔了②。大雁塔的第一次工程始于公元654年。玄奘在塔的每层以及最顶层的带有石质圆顶祈殿里，放置了舍利和佛教经卷。同时在

① 译注：Zoll，德国旧时长度单位，约2.7—3厘米长。
② 参见鲍希曼：《中国宝塔》，第一部分，见40页。

图 6　宝塔东南外观：莲座。一、二层为主层（有造像）、其上有五层。
现高 40.0 米，曾高约 56.60 米。

每层佛室之中，都安放着皇帝御碑。这或许可以与我们要讨论的白
塔进行平行对比。假如这些佛教经卷曾经的确分别放置在每一层的
墙龛中，那么这就解释了为何内部会奇怪地配置两部楼梯，以及为何
在嵌入墙体的石头上，留下了建塔后约六十年间到此的访客，以及阅
读经卷者的姓名。后面对楼梯还会进行详细描述。

　　塔之正南，立有一块石碑，顶部边缘呈倾斜状，上面刻有长长的
碑文。由于时间紧张，无法将这些碑文抄录下来，或者制作成拓片，
甚为可惜的是照片也无法拍摄清楚。因此这一毫无疑问非常重要的
文本没能收录进来。它是否为众人所知，也不甚清楚。这块石碑不
可能是《归化县志》中提到的石柱。

塔的说明

塔基——方形围墙中间，八边形宝塔直接拔地而起。残余下来矮平的塔基座，边宽有 6.3 米，高 1.4 米，全部砖和陶构件，一圈又一圈，精雕细琢，层次分明，可以分为两个主要部分：下部是带有两重雕饰花纹的斗拱和勾栏；上部是三层仰莲瓣，其平台之上坐落着塔主体部分的第一层。纯粹宋代早期中国样式的斗拱，位于形态多样，对角交叠的角柱之间，八边形每边有三组两层的斗拱构件。下面的两侧向外挑出，上面再叠，（译注：即"两材襻间"）作为侧立面的浮雕装饰。正面斗拱上的悬臂在立面上只是略微突出，其挑出部分是

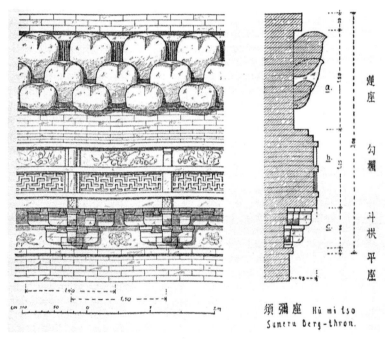

图 7　绥远白塔：底座局部图（比例尺：1∶50）

通过上面小的木椽子而实现的，在木椽之间是一块贯通的砖质冠板和勾栏的底板。

连续环绕的勾栏，包括两层水平的雕饰花纹。装饰带在八个侧面分别被分割成四个单元。下面一层的装饰由平滑的小壁柱分割，而上面的一层则由单独分割并勾勒轮廓的小壁柱分割。每层雕饰花纹共有 32 个单元，一共 64 个单元。下层单元为格子状或几何形窗花格的雕饰图案：水平走向，两端向上下钩出的横带，和垂直并弯折的竖条，两者相互交错缠绕，形成了古印度的吉祥图案"卍"的主要样式。这种图案既不是同向旋转，左旋和右旋之后也不呈对称状。此外简单的十字交错形状也多次出现。上面一层的装饰则镶嵌着陶质雕花板，图案生动美丽，或花朵或果实，其中不断重复出现的有华美的芍药纹，还有动物、龙和各种不同的象征图案。与这些浮雕花纹相呼应的是下方斗拱之间的雕花板，饰有造型极为生动、自然的涡卷纹，不过还是被旁边冷峻的建筑构件围成独立的整体。

这一早期中国装饰的杰作，应该尽快全面地进行信息采集和拍摄，且发表出来。尤其是塔身主要两层的造像雕塑，本文是对它最新近的描述。白塔上艺术水平如此之高的雕塑，对此我完全没有料想到，也无比遗憾我既没有留够时间，也没有带上我的平板仪器，好进行全面拍摄和信息采集工作。

在形式上充满美感的勾栏之上，有一层平坦的过渡层，将它与三层巨大的仰莲瓣隔分开来。用方砖一层层环绕砌成砖墙，铺成方格图案，层层交错开来。三层仰莲瓣，自下而上不断变得厚重。位于最下一层较小的莲瓣位于薄薄的萼片之上。位于中间大小的莲瓣之上，是一层最大的莲瓣，花瓣之间还可见花蕊和莲蓬。八边形每一个侧面花瓣数 5 + 6 + 5 = 16，几边加起来共 8 × 16 = 128。加上 8 个角各 2，计 16 片，因此总共为 16 × 9 = 144 片。这里的数字，以及本文其他一些地方出现的数字,全都对应着佛法的重要范畴,它们记录在包括《华严经》在内的经典中。

巨大的莲花是一个精神的世界,佛及其象征——宝塔从中而出,呈现在最上一层的莲瓣之上,为人类的现世世界带来庇佑和福祉。这就是莲花座,或者直接称为须弥座,即将佛教世界中心须弥山作为佛的宝座。人们特别会将它对应到卢舍那佛,他是一切众僧和世人大彻大悟的化身。

作为佛教三千大千世界之一的须弥山,须弥座即是其象征,须弥座之上,宝塔向上高耸,成为世界中轴的象征,也即我们此处拥有七层塔身,每层都环绕斗拱塔檐。七层八边形塔檐,象征着围绕佛教世界中心——金七山——的七个同心圆,在宝塔这里当然根据塔高来进行布局。最下面的两层,正如前面提到的那样,作为塔室层清晰可辨,因为门窗两侧布有成双成对的菩萨和金刚力士(天王)。

很快我就发现,很大程度上,这座塔与北京天宁寺塔是一致的。我并不觉得双层塔室层,或者以纯粹楼层作塔顶这种颇为罕见的形式有什么突兀之处。很显然,建于公元 1118—1123 年的白塔,比北京这座隋代在古塔基础上于公元 1048 年重建的天宁寺塔,建造时间大约晚了 70 年。它在很大程度上重复了天宁寺塔这一典范,有助于进一步解释天宁寺塔这一类宝塔的诸多特征。

还有更深一层的关系。众所周知,白塔隶属于今天的归化,这里曾经是金代都城西部的行政辖区,其重大的象征意义,与北京的天宁寺塔颇为相似。北京天宁寺塔,在金代的前朝——辽代统治时期得以重建,创造性地采用了全新且极具典范的形式,形态华美。为了与之一致,位于归化城以东 22 千米的白塔,在西面还有另外一座塔对应,两者成几何对称关系(图 1)。前面已提到的《山西志辑要》,其中也提到离归化城 40 里(或 22 千米)之外也有一座白塔,然却是在城

西，建于顺治九年，即公元 1652 年。值得注意的是，城西白塔的建造
适逢这样一个时代：新崛起的满洲政权，又很快进一步将自己的统
治范围从蒙古强有力地向西挺进。顺治之后的康熙皇帝，于公元
1680 到 1695 年间，多次亲自率军进驻该地区，展开与噶尔丹的斗争，
并且建立军事基地，实行对该地区的占领。有关这座塔的进一步信
息还不甚清楚，我在归化的时候对这座塔也没有什么了解，但是它肯
定在更早时候就被建造起来了，从宗教意义上守护城市，尤其是公元

图 8　绥远白塔正面图，建于金初 1118—
1123 年（比例尺：1∶300）。

1632 年建立的归化—绥远双城。基于类似的方式，老城北京和盛京，其东西南北四面分别建有四座塔，成为城市的宗教保卫者。我猜测，归化城以西的白塔，很可能之前本来就有一座建于金代的塔作为其前身，当时已经和东边的白塔形成对称平衡。不过由于地处偏远，这两座塔迄今为止几乎尚不为人所知。

白塔的塔基与北京天宁寺塔，以及天宁寺塔的意义有着直接的思想关联，因此也就不难去解释那个引人注目的短且平的塔身，白塔正是由它从地面拔地而起。显然，塔基侧面只是进行了一些临时的处理，在才不久的一次修缮中，对塔基用石料、砂浆和石灰进行了修补和粉刷，只有斗拱下面建筑构件的残迹中，还能看见那真正的早先形态。其他的构件都被铲除了，正如勾栏部件被平坦的砖面和灰浆覆盖消失了那样。此前，塔基构件更靠下的部分肯定是存在的。

直到后来很晚，在我的工作室中，将制作完备地测绘图进行比较时才发现，很大程度上，归化和北京这两座塔在塔基上是一致的，就算是尺寸上也相差无几。归化白塔塔基勾栏高度的部位直径为 16 米，而北京的天宁寺塔则是 17.40 米。毫无疑问，人们依照了北京的情况，对在归化完全已经不复存在的塔基进行完整重建。重建部分外观和轮廓如图所示（图 8，9），塔基上端的雕饰花纹（Friese）和侧面外形构件的分割与北京的相似。塔座位于最下面，带有中国传统元素的汉式台基特征，在保证塔楼稳定性和建筑艺术效果方面，它是不可或缺的。这个塔基，个别部位还没有完成，它高出目前的地面 5.4 米，原先加起来估计高达 10.75 米。有了这个塔基整座塔才能变得非常协调。而看不见的部分位于地面以下，深度应该达到了 5.35 米。人们要考虑到，公元 1120 年以来，这儿的地势抬高了一样的高度。这一事实对于蒙古地区的地质史可能也是非常重要的。若要获得精确认知，还得借助文物考古挖掘进行确证。这是非常值得做的事情。

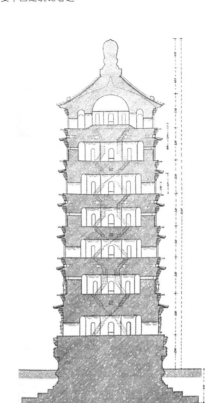

图 9　白塔的剖面图(从西至东)(比例尺：1：300)

　　塔的内部构造——内部设有楼梯，六层塔身直至位于七层的天宫都可以登临，并且进行测量。塔身大部分尚且牢固，其构造也一目了然。最值得注意的是，第一主层右侧没有入口，人们没得选择，只能使用梯子才能登上去。我们从附近的村庄弄到了一架梯子，借助梯子，越过仰莲瓣我们登上去，到了南面的门口。没有任何其他的办法。从前的记载明确强调，有一些塔只能借助梯子才能登临。从一开始，数以千计的访客都用这种方法登上我们这座白塔，以致于频繁登临踩踏导致立面轴线上的莲瓣遭到了损坏。

　　莲座在精神上让人难以亲近，在天宁寺塔的主要塔例中颇为常见。然而，我也见过相当多的情况，设有坚固的楼梯可以从外部进入并登临而上，并打通像莲冠这样的护墙。位于北京之南易县白塔院的层塔——千佛塔①，以及河南南部彰德安阳的天宁寺塔，今天依然都保留着这种石质的阶梯，陡峭通往上部。同样的情况似乎还可以见于涿州的一座宝塔，也是天宁塔基之上的层塔构造②。但是总体上而言它们都需要设置楼梯，就像我们这里的白塔一样。这里的白塔内部建造有石质双梯（Doppeltreppe）。

　　塔层的内部构造清晰可见，技艺极为精良，格外稳定。每层在内部都有一个筒拱形或带有独立托架盖的回廊，随着塔的八边而建，其宽度不同塔层略有差异，从 0.75 米到 1.02 米不等（图9，图11）。塔的剖面图中沿着回廊，中间中空的空间并不是塔室。回廊在塔层将外层的墙面和内部中心分隔开来，外层墙面的厚度从第一层的 2.5 米逐渐缩减为第七层的 1.4 米，而内部中心顶层外墙的直径则要略微偏大。

　　塔层内部中心有一部引人注意的双梯，宽约为 80cm，向上从一个回廊通往另一个回廊。东南和西北方向的对角线方向各有一部楼梯起步，每经过两次转折就交换一次，先从东南通向东北，然后再转向西南。而从西北方向开始的楼梯则先转向西南，再转向东北。于是楼梯的出口处总是呈现为东北和西南相对，然而楼梯每次都会通向另外一个出口。持续的变换中塔梯似乎跳起了优美的舞蹈，相互嬉戏。中国人根据家喻户晓的双龙戏珠图像，将这种楼梯类型称之

① 译注：图见于《中国营造学社汇刊》1937 年 VI4，唐宋塔 Taf. 10。
② Bullet. Chin. Architect. VI4, 1907 Taf. 9.

为双龙梯。事实上，两个人可以同时分别独立使用塔内的这部双龙梯。他们每一个人登上上一层回廊，按照佛教规定的绕佛塔右旋，顺时针继续，然后登临到上一层，两人不会相遇，而是要直到最顶层才最后相遇。他们像是共同完成了一支富有节奏感的舞蹈。同样的情况也适用于下楼梯，两个人不会相遇，而他们的路线却很多次相交和重合，不约而同都绕行着放置在塔内的佛教经卷。

从位于第七层的最后一层回廊，通过几步露天台阶，便可到达位于上面的八边形的塔室（Kapelle，译者注：最顶层也称为天宫），上为穹顶（图9，图12）。顶层塔室，以及所有的塔层都是空的，白抹或裸露砖体的墙面都已是屡经破损。只有第一层的那些中国游客描述过的石碑，被嵌在墙面或者说整个平面的壁龛之中，其中一块已经断裂并且脱落下来了。第一层西侧，应该是楼梯起于西北，通向第二层的西南的地方，在那里也堆积着石碑和砌砖。仍然没有办法确定的是，在平面图中表明的位于此处的楼梯，是否还存在，或者是通道入口是后来才被关闭的。此外，这一层的墙体上设有佛龛，在地面层上有一个更大的，里面可能曾经藏有佛教物件，亦或是部分佛经。然而这又同狭窄的通道不吻合了。

所有的方位都有开口，可以从回廊通向外部，东南西北四方分别设有四门，而四隅则设有四窗。门有两种样式。14扇真正的、未闭锁的、带有半圆拱的门，交替分布，朝向南和北面，或东和西面；而14扇盲门在同一层，作为补充分别位于东和西，或北和南。半圆拱门在其正面有砖陶质地的双龙和宝珠，其边缘以涡卷形装饰的凸出部分为界饰。或许门洞从前还配有木质栏杆。

南面门拱的最上端，前有一块石牌，上有六字篆刻：万部华严经塔

經　華　萬

塔 嚴 部

盲门为矩形,轮廓清晰,仿造设有门扇和栅栏的木门样式而建,不过所有构建用的都是坚固的砖陶。类似形式的门,也有石质的,早在隋唐时期的墓葬和宝塔建筑中便可寻见,后来亦可见于直到清朝末年的祭祀性建筑之中。白塔上的盲门看起来品位颇为讲究。盲门之上,在竖形陶板之间,有矩形的小口,透过它们,通过水平方向的采光井,光线进入内部的回廊。

宽阔的盲窗,依据传统中国样式,装上了数量或11、或9、或7的竖直雕饰窗棂。每个采光井从均匀分布的窗棂杆上方,使光线汇入内部回廊,照亮角线分布着的楼梯口。每一层的地板直接通向并延伸到室外,在环绕塔周的斗拱支撑构件之上形成了环绕塔身的狭长的平台。因此内部构造与外部建筑有机地链接成一个整体,这种合理安排,也正是文物古迹的高妙建筑学价值之所在。

外部构造——塔为七层,6层重檐将层与层之间分割开来,从而赋予了整座塔格外丰富的意蕴。塔层高度的计算是从每一层的底板到另一层底板之间的高度,重檐的高度归列它以下的塔层。整座塔身呈现为三组:最下面的两层,因其高度突出,第一层为6.5米,第二层为5.6米,为第一组;接下来从第三层到第六层,共四层,每层层高为5米,为第二组;第七层带有穹顶,因而形态特别,端部为收分单檐,上承坡屋顶。可以肯定是,该部分内部起初是木结构,早已坍塌,而今依稀仅存一堆瓦砾,堆成圆形顶部,立于一片颓垣残迹中。以北京(天宁寺塔)为典范,此塔在坡屋顶(图8)之上修建了8条穹棱和一个火珠,以此封顶。从这个高度计算的话,宝塔今天的地面高度为51.20米,若把沉入地下的塔基也计算在内的话,之前的总高度应该是56.55米(图9)。如此一来,这座楼塔的高度甚至比它北京的模板

还要高，因为北京天宁寺塔以同样的标准计算出来的高度是
55.60 米。

图 10　位于莲座与檐口托臂（即斗拱）之间的两层主层（东）。
东面：金刚力士与门；东南面：菩萨与窗户。
底座上平坦的墙体替代了栏杆和托臂。

　　塔层收分非常之小。最上端塔层直径为 12.5 米，最底端塔层直
径 14.20 米，之间相差 1.7 米，因此单边收分实际上只是它的一半，
即 0.85 米。然这一小小的差异却得到极为充分的利用。单层之间
的间隔呈现出精心构思的韵律：在第一层之上收分了 30cm，从第二
层到第五层之上每层各收分 10cm，第六层之上收分为 15cm。这样
处理方法凸显了底层的重要性，也为第七层之上的封顶稍稍做了一
些准备。

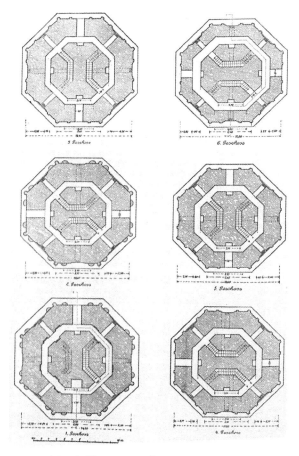

图 11　绥远白塔：1—6 层的平面图（比例尺：1∶300）

　　门窗严格而富有规律的布置，却依然保持着形式上的变化，它们决定了建筑墙面的形态。作为塔檐在水平方向上力的平衡，檐角和门窗开口处精妙的竖线条为墙面注入了垂直方向上的力量。在作为塔身主层的第一层和第二层，竖线条则被人物装饰所替代。

　　重檐的构成：下面是坚固的，自身不断重复的铺作层/平座层，

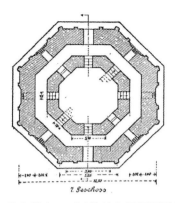

图 12　绥远白塔：带有塔室（天宫）的第七层平面图（比例尺：1∶300）

上面是简单的斗拱和前面提到的覆盖板（译者注：即前面所说由上层楼板延伸出来的部分）。位于下层的铺作层主体部分是壮观的三层托臂斗拱，与塔基砖层上的斗拱构造如出一辙，同样也可以分为三个小部分，不过这里单个斗拱构建排列更为紧凑，位于层叠交错的转角斗拱之间。转角斗拱由带有雕刻的转角柱发展而来。所有的这些铺作层构件推测都还是以前的样子，可能是宋代官式砖斗拱的极好实例。我派人对这些构件进行了精确的绘图，连组成构件的最小单元都进行单独的细部绘图。不过对它们的详尽的描述，只能是留待其他的机会再进行了。铺作层的冠板承托着环绕着塔身的塔檐，塔檐之前覆盖着砖和板，今天大部分都已经损坏了，但是在其结构中还是清晰可识的。双层木椽子深深嵌入墙体，承托着覆盖的砖层。檐口在转角处轻微抬高，环绕着塔身形成了优美的悬角。塔身墙体周围堆叠的圆形塔檐受到位于其上斗拱的保护，这些斗拱仅由两层拱臂组成，但是每个构件还是有三个托臂，这在整座塔上是一以贯之的。上层斗拱尺寸基本一致，偏差很小。因此，第二层和第四层之上用了一个对角的处理方式，第六层的铺作层构件斗拱仅有两层。

　　斗拱在尺寸和一些过渡空间上必须恰切地紧贴着不断变化的塔层大小，就像其他所有的建筑构件一样。从一个高度漫步到另一高度，眼睛所见也会经历着持续不断的更迭。因为这座塔中层间大小的变化很细微，目光的更迭使得整座楼塔，在其不计其数的单体构件中散发着栩栩如生的气息。这就是它给观者带来的深刻印象。

雕塑

　　两层主要塔层上杰出的石雕装饰实属罕见，在同类中国宝塔中几乎不存在。它们的使用可以追溯到作为其营建蓝本的北京天宁寺塔。北京天宁寺塔上所用类似的造像和装饰在公元 1048 年便已出现，不过仅仅只在一层上用到，至今还在那里，并且用的是石膏，所以至少造像得以遗留至今。70 年之后，同样的题材在这里的白塔浮雕之上得到了提升，且在很多方面几近达到完美的程度。

　　石雕造像用石灰岩整体塑造而成，其后还保留着可以挪动的背板，简洁地嵌入到墙体之中（图 13，14）。该背板大约高为 2.5 米至 2.7 米，宽为 1.2 米至 1.4 米，造像及其附属装饰物大多数都填满了整个框架轮廓，它们都是高浮雕，有时候甚至是雕刻成了圆雕。因此，造像的某些部分，如头、腿、手都自由凸显在墙面之上。造像足部立于底板或莲座之上，这些部件亦是由平板塑造而成。

　　为了与造像保持协调，周围也雕刻了颇为壮观的装饰和造像作为陪衬。这里所用的主要材料为陶。圆形转角柱上通体用高浮雕刻着蜿蜒盘踞的龙。第二层转角柱保存状态良好，而第一层仅可见残迹，依据第二层转角柱的形态对第一层在绘图上进行了补充说明。两条龙交叠而立，上面的龙立于下面龙的肩上，在身体弯曲的部分两者几乎挤在一起，却也极尽鲜活的动态之感。这里两条龙的头部皆

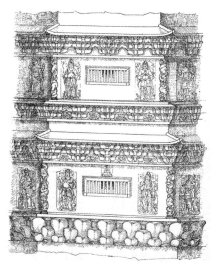

图 13　绥远白塔：第一和二层东南面的
　　　　雕塑，造像质地为石灰岩，其他
　　　　皆为陶质。

图 14　绥远白塔：第一和二层东面的雕塑

朝上,而北京天宁寺塔的两条龙,位于下面的地龙扑向大地,而位于上端的天龙则是腾向天宇。圆门椽眉上的双龙戏珠前面已经提到过了,它们保存完好,只是南向主门上的遭损已不得而见。第一层窗棂之上有一尊端坐于莲台之上的佛教小造像,材质为石灰岩。上面托臂的三角形间隙中是花朵装饰,与台基上的样式一致。每个花纹装饰底部,可以看到金属或陶质地的四个圆圈,形似圆形花饰。这是后来喇嘛教的题材样式,或许在这里就已经呈现过了。这些特征在上面的塔层也有出现,不过那种圆形花饰——或者也可能是金属镜子,却统统都不见了。

占据显著位置的是正立面的大型浮雕造像,它们分布匀称。在位于四方的八个门旁边,各有两尊,总共有 16 尊天王像;位于四隅的八窗旁边,各有两尊,总共有 16 尊菩萨。遗憾的是,底层的造像曾屡次惨遭强盗之手破坏,几乎所有的头部,甚至有些是整尊造像都被凿下偷走。这种蹂躏行为甚是愚昧,因为偷盗者虽然毁坏了宝塔的珍宝,自己偷走的却只是一堆无用的碎片而已。对我来说要精细地阐述所有造像已经是不可能的了,希望某位研究者以后可以实现,至少能够对为数不多的残片作出解释。顶层那些难以接近的造像几乎完好无损。由于我没有作细部测绘,也无法进行进一步的深入研究,我所能做的,就是在放大图的基础之上,择取其中一个小的精品实例进行描摹,仅就这些造像的价值,给出一些具体的、艺术性的原则。就每一个造像形态进行精确描述在这里也不必要了,因为它们若想真正有意义和价值,必须结合一定数量有关整体材料的出版物,这在当前的框架内显然是无法实现的。

作为护法神或护世神的天王,在这里以各种熟悉和演变的形态频频出现。他们表现为各种不同的形式:带有胡须或具有天神之力的战神;佩戴着皮革、链状或板型头盔、护腿,全身或者部分穿戴盔甲；身体前有狮子头。其他有些只是部分带有边框和腰饰，而有些身体的部位如胸和腿则是完全裸露。作为身份的表征，他们手执不同的法器，如矛或刀剑、三齿叉、长柄斧、权杖、金刚杵、霹。每一尊造像独立给出一个确定的解释可能太冒险，但还是可以进行一些猜测。安置在南面底层的大概是两尊金刚力士，位于东侧的朝上、西侧的朝下持法棍，看气势应该是门神。位于他们上面的第二层，站立的应该是四大天王之中的一位，人们几乎能够确认其身份，即位于北方的多闻天王（梵语：Vaisravaana）。他左手托执其标志性的宝塔，里面藏有早期经卷，右手持关闭着的慧伞，但是这部分不巧断裂脱落了。其他几位天王如何布局的，还不得而知，值得注意的是这里北方天王被安置在南面。位于东面上层站立的是哼哈二将，格外精美，身披盔甲。韦陀将军则无法辨认。上面一层的守护神造像周身甲胄，都保留了下来。所有的守护之神，站立在那里，如同自豪的战士，沉着镇定之势，栩栩如生，华美至极，然而却完全没有人们在寺庙大殿同题材造像中常见的怒目之态。在宝塔上，他们守卫着祥和与永久的安宁，与宝塔丰富而又自成一体的建筑保持着一致性。

位于窗户两侧的造像可以通过其头冠、身体和衣服上的配饰辨认出是菩萨像。显而易见的是这些造像更偏于女性的体态，清晰呈现出了浓郁的欧洲古代风格，同时还带有某种巴洛克特征。上衣下裳，扣带披风，松散成褶裥，通过腰佩和飘带束成了灵动的造型，却依然在衣服褶皱和造像姿态布局上，保持着彻底的明晰性。她们手部的姿态万千，有时候完全是出于自然主义的，并不着意于强调佛教规定的手印。菩萨的本性是慈悲和乐善好施，她预示着宝塔内部让人充满喜悦的圣水，源源不断从窗棂之间流淌出来，洒向人间世界。因此她代表着信仰和希望。

金刚力士充满着力量，菩萨则乐善好施，翩翩起舞的飘带将它们连接为一个整体。飘带环绕着金刚力士和菩萨造像底部的模板轮廓周围。这里也有一些细微的差别，但是整体上却达到了非常好的统一性，总体布局就像是整体浇铸而成。每一个人，无论是雕刻者还是手艺人，无不惊叹其难度：将两组风格上存在根本差别的雕塑形态放到一起，每一组既呈现出自身的独立性，却又都在一起形成协调的效果，在一个建筑艺术形式高度成熟的世界中维持着自身。

图 15　第二层东北面

宝塔的布局

白塔向我们展现了其在单体造像，以及建筑和雕刻的整体性布局上都尽善尽美。对于这样一部杰作，我们必须将之放到辽金时期北方艺术的大框架之中来考察。我们对这一动荡时期还是如此缺乏了解，尤其是它在整个中国精神世界的推进和影响方面，不过这些业已为人熟知的建筑和雕塑文物还是能够让我们得出这样的结论，即

我们在这里讨论的是一种拥有颇大影响的独立艺术实践。取得统治
地位的鞑靼人很少会去发展和营造这类作品，却会为之注入新的鲜
活的力量。这种力量伴随着北方国家的重新洗牌发挥影响，赋予了
中国艺术家和工匠们新的启发和高涨的热情。所有此类艺术实践最
大可能的动因，正如中国历史上常常出现的情况那样，就是佛教连同
其石窟和寺庙建筑。它们因鞑靼人统治的极大需要而得到发展，同
时又借助从西部传入的新影响而不断得到丰富。

图 16　第二层东面

喜龙仁在一篇优秀的研究论文中讨论了早期中国雕塑的流派，
该流派在隋之前业已兴盛于北京西南面的定州和正定，其特色一直
延续到金代。然而，喜龙仁认为，从金代的雕刻作品中，必须看到某
种程式化和机械模仿的特征，而从另外一方面他也描述了金代中国
雕塑艺术的繁荣昌盛。这一看法适用于雕塑的特定范围，即他自己
所研究的对象。但是，这一时期的建筑文物，尤其是大量的宝塔，则
是另外一种情况，遵循别的规律。即便在作为建筑附属构件的雕塑

中,也呈现出极大的创造力和特定的风格倾向。

如果人们将白塔和其他相类的作品相比较的话,北方地区中国人在建筑艺术,以及与之相关雕塑领域中的艺术天赋就会更强烈地凸显出来。尽管此前我们对此还知之甚少。然而,由于最高成就始终都源于众多的典范,因此不得不认为,白塔也有其源出。最为接近的实例就是天宁寺塔的主塔层,前面我们一再提及这座位于北京,建于辽代的宝塔,它是白塔所依凭的典范。北京天宁塔的基调是一样的,金刚力士还是被塑造得庄严肃穆,带着几分令人可怖的狰狞,而菩萨则是妩媚动人,完全是温婉的宋代风格。两者对比鲜明,却没有互相协调统一起来。另外一个我们可以通过一本出色的出版物很好地去了解的实例,是建于公元 1228 年到 1250 年的泉州花岗岩双塔,建造年代比白塔大约要晚 100 年左右,而且是在位于中国南方的福建①。这里每座塔的第五层,所有的立面都可以看到雕塑造像,这些造像几乎都得到了充分而完备的解释。人们必须承认,塔与塔上的雕塑在风格上高度协调,艺术上的处理完全让人满意。但是双塔中的任意一座宝塔,与我们这里讨论的白塔在观念形态上则存在根本差别,且相距甚远。由于所用花岗岩材料在加工上的难度,因此雕塑造像在建筑学布局和施工构造上缺乏必要的灵活性,也不刻意追求优雅的比例关系。尽管这些雕塑造像就其本身而言在艺术上也是尽善尽美,却没有散发出这样一种氛围,在这种氛围中,建筑和雕塑相互融合,相互激发,相得益彰,共同达到最完美的境界。绥远白塔在整体上将这一氛围完全实现了出来,因此属于宋代建筑的杰作之一,尤其是在北方地区,产生了辐射性的影响,在新获得政权的鞑靼统治之下,产生了许许多多优秀的建筑。

———

① Ecke and Demiéville, *The Twin Pagodes of Zayton*, Harvard University Press, 1935.

图 17 第一层东南面

图 18 第一层东南面

图 19 第一层东面

图 20 第一层南面

中国艺术家本性中富有创造力的一面，必须得到承认和赞赏。它受到北方地区的精神气质的影响，也对中国其他地方产生了最为深刻的影响，为这些地区带来一部分北方的坚定风骨和不可抗拒的魅力。除此之外，白塔正是中国宝塔建造艺术历史长河中，尤其是天宁寺塔类型中的一支重要旋律。

图 1，图 4，图 7，图 8，图 9，图 11，图 12　绘图和中文题词由建筑工程师伍少岑(Shao-ling Woo)根据我的信息采集和草图在我的工作室完成；

图 7，图 8，图 9，图 13，图 14　的装饰和造像绘图由画家 H. Lewerenz 完成；

照片全部是我自己 1934 年考察拍摄所得。

七、《异族统治下中国北方的宝塔》(1942)

编者按：本文德语题为 Pagoden im nördlichen China unter fremden Dynastien，原是在 1942 年 9 月 30 日至 10 月 3 日德国东方学会柏林会议上的演讲报告，后发表于《德国东方学研究会议论文集》(*Der Orient in deutscher Forschung：Vorträge der Berliner Orientalisierentagung Herbst 1942*，Leipzig：Otto Harrassowitz，1944,182 - 204，Taf. XXXIII - XL)，亦参见《德国东方学学会会刊》(*Zeitschrift der Deutschen Morgenländischen Gesellschaft*，Bd. 96,1942,45 - 48)。演讲原定题目为"辽金时期(11—12 世纪)中国北方的宝塔"(Pagoden der Liao und Kin [11. und 12. Jahrhundert] in nördlichen China)，后在汉学家颜复礼的建议下进行了调整，改为"XX 时期异族统治地区的中国宝塔"(Pagoden der chinesischen Fremdreicheim ...)，其理由是在德国东方学领域，除了少数专治汉学的学者，很少人对"辽金时期"这样的概念有所认识(参见："Ein Deutsche Forschungsinstitut in China"，*Nachrichten der Gesellschaft für Natur-und Völkerkunde Ostasiens*，171 - 172,2002，S. 186，190)。在此前的 1940 年，鲍希曼曾在柏林东亚艺术学会做过一

次题为"辽金时期北中国宝塔"(Pagoden in Nord-China zur Zeit der Liao und Jin [11. – 12. Jahrhundert])的报告(参见：*Ostasiatische Zeitschrift*. NF 15/16.1939/40,113 – 117)。本文可视为此前研究的拓展,它将清代宝塔,尤其是喇嘛塔纳入了讨论范围。

在我们迄今所知晓的中国传统建筑中,宝塔占有重要地位。宝塔因其特定的宗教使命,是一种纯粹的纪念性建筑,无其他实用之目的,属于现存中国最古老的建筑遗存。它与佛教有着最为紧密的联系,表现出中国和印度在思想与形式方面的共同特征。千余座塔,经历了漫长发展,形态多样,清楚反映出两千年激荡交错的历史长河中,中西文化关系的种种面相。

我们现代的中国学研究,很大程度上业已证明,中国文化长久以来为人所称道的独特性和统一性,是长期多元发展和相互融合的结果。这一发展过程受到众多不同力量的影响,并至今保持着自身的完整性。除了土生土长的,以及南部和西南部民族部落的古老文化因素以外,长期以来,尤其是与北方迁徙灵活的草原游牧民族和中亚地区之间交往,对中国文化的发展产生了持续的影响。这里主要牵涉蒙古族、匈奴、藏族、鞑靼和突厥的诸多部族分支。长久以来,它们轮番建立自己的国家,不断敲开中国的大门,有时会部分地或者整体地统治中国。它们为中国文化注入了新观念,激发了新的创造力,带来了新的文化财富,成为亚洲东部和西部之间最前沿的中介者和传播者。

历史学和考古学的研究对此类民族关系已有许多探讨,已有的研究成果让我们清楚认识到,那些民族和他们的国家处在永恒的迁徙和新的建构之中,尤其出于对中国政治方面的考虑。然而似乎可以看到，这种力量对中国内在文化和形态的影响，以及其影响在各个地区，尤其是在一些纷争不断的边疆地区所占的比重，还只是清晰图景的一个初始轮廓而已。为此我想提交一篇文章，呈介我的一些研究结果，其对象是作为中国建筑艺术组成部分的宝塔。

宝塔是纯粹的佛教纪念性建筑。佛教自公元前 2 世纪便经月氏和匈奴传入中国，此后伴随新的崇拜仪式也发展出了新的宝塔形式。其产生源自中国传统楼阁与印度样式的融合，并成为了新的宗教象征。

我们在此将要探讨两种特别值得注意的宝塔类型，它们构成整个宝塔研究框架颇有意思的两个分支。它们既与中国北部地区有着紧密联系，又同曾经统治该地区的异族——鞑靼或蒙古——统治政权息息相关。相比其他的中国传统建筑，对这两类宝塔的研究，更能够获得这样一些明确的看法，即：外来民族曾经富有成效地参与和影响了中国艺术文化的构建。

我对中国宝塔研究的著作《中国宝塔》，第二卷也已经掩卷完工，接下来应该就进入出版程序了。在该卷中，两种主要类型都分别得到了研究。这两种类型的宝塔建造于特定的历史条件之下，显现出独特的形式，值得我们关注。

这两种类型一为天宁寺塔，由我据其典型代表——北京天宁寺的宝塔而命名；一为喇嘛塔，具有明显的西藏和蒙古特色。

天宁寺塔主要建造于辽金时期，即公元 936 年至 1234 年，两个鞑靼王朝统治着中国的北部和满族地区。有鉴于此，日本建筑研究者伊东忠太教授可能第一个使用了"辽金塔"这一名称，但这一指称并没有涵盖所有的范围。这一时期能见到的宝塔，尤其是满族地区的宝塔，在建筑研究者关野贞和常盘大定于 1934/1935 年发表的一本日语煌煌大著中得到探讨。

喇嘛塔可能产生于西藏和蒙古的交界地带。在忽必烈统治下的大蒙古国,即公元 1260 年之后,喇嘛塔才在中国北部地区流行起来。相关的探讨目前还没有得到展开。

阿尔伯特·赫尔曼编撰有《中国历史地图册》,在那些薄页之上,他准确地标示出一些民族和国家发生的迁移现象,以便能够对这些民族和国家之间的动态关系和发展了然于心。

960 年获得政权统一的宋朝,1127 年退居到了长江以南。位于黄河以南的首都开封城,也已经失守。那时这一宋代名城(即开封、汴京)成为了金国的南都。金国当时几乎统治了整个中国北部,一直深入到西部地区,以及北及黑龙江的整个满洲地区。他们曾经是通古斯族的一支,1125 年推翻了其同族部落的首领,也就是契丹鞑靼人。契丹人于公元 936 年到 1125 年建立辽,控制着范围大体一样的中国北部地区,但向南只是到北京一带的纬度。辽的统治被推翻之后,便向西迁,到今天的突厥斯坦一带,一直到(中亚地区的)咸海,建立起新的庞大帝国,这一帝国后来只存在了 50 年。在中国北部,西辽和金国之间有西夏国,即党项族的统治。过去几个世纪以来,他们不断融入到中国文化的创造之中。西南紧邻的是一些藏边民族和藏族,他们素来都是中华帝国的危险邻居,也常常在交战中获胜。金国在北方的政权统治从公元 1125 年持续到 1234 年,占领了五座主要城市:北京位于中央,南边是开封,其他三个城市分别在北、东和西面,正好依据"五方"(即东、南、西、北、中)来分布。辽代亦与此相类。鞑靼人建立的两个朝代在这方面都使用了古老中国的宇宙观,甚至犹胜于汉族人自己。我们将天宁寺塔的原先的构建,归入这两个通古斯部族建立朝代的统治时期。

公元 1214 年成吉思汗(Dschingis Khan)亲自征服占领北京之后,1234 年,在蒙古大军的冲击下,金国朝廷最终被击败。公元 1227

年成吉思汗去世之后，少数几位可汗统治下的庞大蒙古帝国，范围从日耳曼地区东部边境一直到中国的沿海海域。公元 1280 年，忽必烈彻底消灭了南宋朝廷的政权，中国疆土在其统治时期，达到了全盛的顶峰。第二幅地图显示了忽必烈政权顶峰时期，即公元 1290 年左右的情况。喇嘛塔定是在这一时期建造的。早在公元 1275 年在北京就诞生了最为恢弘的喇嘛塔，该塔与忽必烈、成宗皇帝有着紧密联系。佛教从印度，经由中亚地区月氏、匈奴和蒙古的陆路传入中国，同时，从南部经由缅甸的海路传播。宝塔的观念及其营建模式，在起初和后来都是沿着以上路线传播的，甚至这两种宝塔的前身范例亦是如此。

先简要说说宝塔的意义及常见的基本形式。

宝塔最初和通常是用来供奉佛陀或者佛教圣僧的舍利或遗物的，很大程度上作为佛法的象征而存在，并且以这种方式对现世产生影响。舍利存放之处也可能放置佛教典籍或雕像，也可能在宝塔里面或地宫中安葬佛教圣僧的遗体，赋予宝塔以墓塔的特征。广泛流传的建筑上佛法的象征，贴切地表明了其名称的正确性，宝塔，即佛教世界法则的灯塔。

大多数宝塔是砖结构，当然在很多方面也会使用木结构。宝塔通常表现出均匀的层级结构，从而在形态上表现出独特的类型特征。一类是级塔（Stufenpagoden），西安大雁塔可以作为该形式的典型代表（图 1 - 1）。该塔位于西北的陕西省，古都长安，公元 652 年由僧人玄奘主持修建，明显借鉴了古老的西亚形式，带有某种程度的巴比伦金字形神塔（babylonischen Zikurrat）的风格；另一种基本形式就是纯粹的层塔（Stockwerk pagode），塔层或高或矮，某种程度上延续和发展了中国古老的楼阁形式。这种形式在古老的典籍中屡屡被提及，在公元前一千多年的周代就有所记载。但这种形式当前只是在唯一一个古老的个案中被保留下来了,即位于山西北部应县的一座木塔(图1-2),建造于公元1056年。这座独一无二的建筑,底层设有回廊,共四层,内部由庞大的木架构组成。

坚固、结实的级塔,历经诸多中间过渡形式,发展出修长的塔身,带有砖石的支撑构件(massiven Gesimen)(图1-3)。宏伟的木构楼阁则发展出带通廊的外廊层塔(Galeriepagode)(图1-4),带有中原地区风格的灵动飞檐和层层的木构,像一件外套,包裹着巨大的内核。

这两种基本形式能够很清楚地区分开,它们相互结合,形成了其他一些层塔的主要形式,一种是塔身修长的级塔(图2-6),一种是带有狭长环形塔层的叠层塔(Ringpagode)(图2-4)。或者还有一种,塔身修长,在底层的回廊之上,轮廓分明,线条向上有着明显的收分(图2-2)。所有这些形式,以及塔身较宽的级塔(breite Stufenturm)(图2-1)都是按照有规律的楼层来层层递进排布。

1-1　　　　　　　　　　　1-2

1-3   1-4

图 1   层塔和级塔：中国宝塔的基本形式

1-1   陕西西安（长安）大雁塔，7 层，高 55 米，级塔，建于公元 654/705 年。
1-2   山西北部应县木塔，5 层，高约 40 米，建于宋 1065 年。
1-3   江西九江层塔，7 层，高 38 米，建于宋代。
1-4   外廊层塔，上海龙华塔，7 层，高 38 米，始建于公元 247 年，最后
        一次重建于 1900 年。

　　与此形成对照，天宁寺塔则显而易见地使用了非常不同的建筑
艺术主题（architektonisches Motiv）（图 2-3）。高高的塔基，分为若
干层，上面坐落着唯一一个主塔层（Hauptgeschoß），也是整幢建筑的
主体部分，用来供奉佛舍利或者其他佛教的圣物，通常它里面会包含
一个内龛，因此我们将这部分称之为塔室（Sanktuarium）。在它之上
的层层塔檐（Dachkränzen）之间耸立着雄伟的塔层（Turmstock），向
上逐渐收分变细，圈数（Ringen）多为 2 到 12 之间的偶数，极少情况
下也会超出 12，那些最宏伟的范例都是 12 圈。塔身最上端冠有一个
柱头（译注：即龙车，Knauf），或者短的刹管（Gipfelstange）。清晰而
丰富的层级划分，赋予了天宁寺在各个部分布局上的灵活性，以及整

体形式上的和谐感。它们常常用砖石建造,只是在塔檐上偶尔使用木料构建。

我们这里要讨论的第二种特殊形式,称为喇嘛塔(图2-5),因为它多存在于喇嘛教信仰中。与其他所有宝塔相比,其不同寻常的造型尤为引人注意,在一般风格的建筑群中,以及在周边环境中(无论是开阔的平原,还是荒野山林)总能格外显眼。与天宁寺塔相比,能发现它们在建筑形态上有一些基本相似之处:高高的塔基上坐落着作为主体部分的圆形塔身,即供奉圣僧遗体或佛舍利的祭坛,塔身之上是锥形的敦实的塔刹(Stange),层层环状(Ringeinteilung)堆叠而成,类似天宁寺塔塔顶的柱身(Schaft)。顶部则冠以伞盖(Schirm)和宝刹(geliederte Spitze)。

天宁寺塔的塔室,其思想来源于作为墓室(Grabkapelle)的方形窣堵坡(quadratischen Kapellenstupa)(图3-4)。这种建筑形式确凿地可以追溯到西亚和印度的早期样式,从公元3世纪开始在中国北方的很多地区都能找到其变种。通过对塔基座的形制改造,以及对塔檐的叠加(即重檐)(图3-3),形成了天宁寺塔的最初样式雏形,我们在那些历史上典型的、发展完善的塔例中,依然可以得见。

在东汉(公元25—220年)的都城河南洛阳附近,现存着新近不久才修缮好的白马寺(图3-1)。该寺于公元67年为明帝的遣使而建,这位使者在两位著名印度高僧的陪同下,历经60年游历,带着佛教典籍从印度归来。此次取经之旅,诸多方面都常受到怀疑,其实根本上应该还是基于真实,因为许多历史关联和相关情况都作出了佐证。今天寺庙中还有两位印度僧人的墓冢。求取的佛教经卷由一匹白马驮回,这也是寺庙和宝塔命名之来源。宝塔建在寺庙不远之处,从一开始就作收纳经书之用。宝塔历经残毁和火劫,直到金朝的鼎盛时期,公元1175年,重建了砖构的白马塔,该塔至今矗立可见。宝

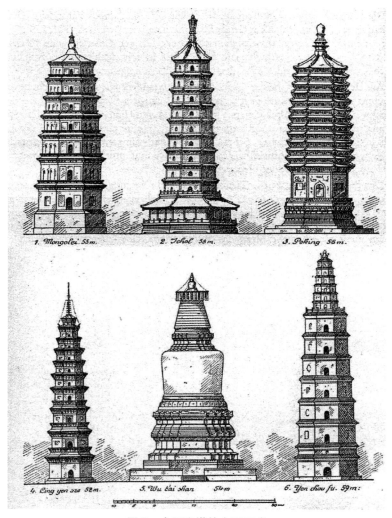

图 2　中国宝塔的主要形式

2－1　级塔：白塔，位于蒙古查干木伦，七层，辽代至明代的建筑。

2－2　层塔：热河永佑寺层塔，砖陶构件，地面 9 层带回廊；建于乾隆年间 1754 年至 1764 年。

2－3　天宁寺塔：位于北京天宁寺内的天宁寺塔，砖塔构件，建于辽代 1048 年。

2－4　叠层塔：山东灵岩寺塔，砖陶构件，9 层，建于公元 742—756 年。

2－5　喇嘛塔：山西五台山塔院寺喇嘛塔，砖构且外抹白灰，建于公元 1403 年或 1582 年。

2－6　级塔：山东兖州兴隆寺塔，砖塔，7＋6＝13 层，始建于公元 602 年，重建于 982 年。

3-1

3-2

3-3

3-4

图3　天宁方塔：白马塔，位于今天河南洛阳以东18千米，参见河南洛阳白马
寺天宁方塔。方形塔室是天宁塔的雏形，二者皆位于河南省。

3-1　城墙环绕中的白马寺，从西南向东南方向。
3-2　西南的宝塔，塔檐12层，高30米，据传始建于公元67年，今天的建筑建于金代1175年。
3-3　安阳宝山重檐宝塔，建于公元749年。
3-4　嵩山少林寺塔。

塔的营造很简明易了，共31米高，表现出天宁寺塔风格的重要特征：塔基、塔室、美丽灵动的塔顶柱（Schaft des Turmstockes）。对角斜穿而视，整座塔显得雄伟巍峨，而正立面（图4）据我精确测量所见，格外优美修长和优雅。宝塔内部，稍稍费点力气，便可以登临，直至顶层的内殿，也是宝塔优先用以存放经卷的储藏空间。但是更多关于这种最初样式的信息就不得而知了。

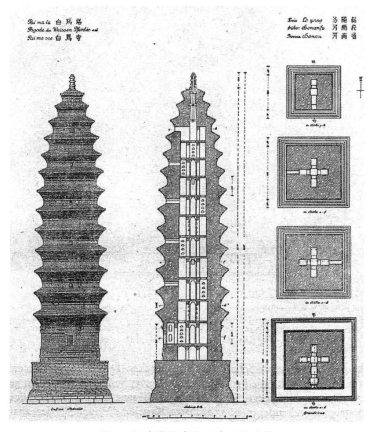

图4 河南洛阳东白马寺天宁方塔

正面图和剖面图，砖塔12层，高30米，始建于公元67年，今天的建筑建于金1175年。

洛阳周边的土地,抑或河南府——这是它过去几个世纪的名字,延及整个河南省,自古都是中原地区、历史上以及景观上的胜地。其北,黄河自西从群山流出进入宽阔的河谷;其南,作为西藏—昆仑山脉末端的秦岭东脉延伸至此。作为五岳中岳的嵩山山脉在此巍峨矗立,周边是数不胜数的古代遗址和宋代帝王陵寝。佛教也在此扎根,缓慢地传播开来。早在公元 200 年左右的曹魏时期,在河南省最北端佛教信仰便开始兴盛。接下来几个世纪中,社会战乱纷扰,山西和西北地区受到匈奴、西藏、西夏等民族的外来影响,他们在那里建立国家政权,佛教在此地必定早已得到广泛传播和发展。因为,将近公元 400 年时匈奴的一支部族——拓跋,从他们位于黄河北拐弯处的驻地向南挺进,建立了北魏,之后他们成为了佛教的拥护者。公元 494 年,他们将都城从北部的大同迁到南部的洛阳,对于佛教的信仰也在这时达到了鼎盛时期。在此期间,他们营建了许多的佛教建筑,其中包括在洛阳城南不远、白马寺以东开凿了著名的龙门石窟。但这里我们感兴趣的主要是那座最古老的天宁寺型塔(译注:即嵩岳寺塔),这座值得颇为注意的建筑位于嵩山山脉,建于北魏统治末期的公元 522 年。与此同时,它作为中国最古老的、规模宏大的宝塔,今天依然矗立着,向我们展示着最初的形式面貌(图 5)。

为了更好地理解新出现的建筑形式,可以将相关形式作一个平行比较,尽管这座宝塔(图 6-4)建于稍晚一些的唐代即公元 746 年。嵩山作为中国信仰的圣地,坐落着众多佛寺,这座宝塔便位于其中的一座寺庙之中。它同样又有砖砌的墓室,却已是八边形,塔基分为若干层,以重檐(doppelter Dachbekrönung)作为塔级(Turmstock)的延伸部分。其特别之处在于,侧面交错的门和窗,尽管只是用浮雕凿绘而成,窗采用了传统风格的直棂窗,门装饰以植物纹的浮雕(Buckelreihen von Nägeln)。一圆形开口(Rundöffnung)作为入口。

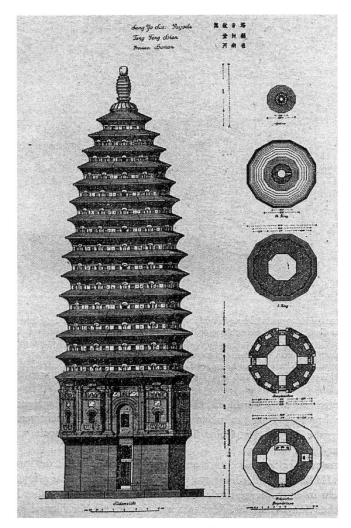

图5　嵩岳寺塔

位于河南洛阳东南的嵩山，砖塔，平面为十二边形，高 39.6 米，建于北魏 522 年。

这种带有此类塔室的例子肯定之前就已经有了，是独特的嵩岳寺塔
之先驱（图 6-1）。

古老的嵩岳寺塔巍巍耸立在荒野山间（图6-2），而塔身柔和的弧形轮廓，14层的圆形塔檐和宝顶，孑然独立，优雅从容。采集实地数据而制作的测绘图，能够更好地显现其流畅而优美的轮廓。独特的塔室层，和整个塔身一样，坐落在十二边形的塔基之上。东西南北四正面各辟有一券门，四对角面各雕砌着两个壁龛，饰以印度风格的装饰，并以优美的塔冠冠顶。对于早在公元522年的年代而言，作为北魏政权以正式官文定为的拓跋王朝纪念建筑，以及即便对于那位臭名昭著、严厉残暴的胡太后而言，这座高40米的宝塔也都是一座令人惊叹的建筑。塔基没有分出层级，或许它早先造型更加复杂，直到后来被简化。

这里我们直接再补充一个例子，即天宁寺塔这一类型中最具典范性、最重要的一座塔——北京天宁寺塔。正如所见，这组塔就是由此塔而得名（图6-3）。该塔雄伟华丽，高54米，现存的形态始建于公元1048年，当时契丹族建立的辽代正处于统治的巅峰，定下其南都，也就是今天的北京。契丹人拥有这样一套营建的观念：即将这座新城和他们的宫殿（图12）建造在中轴线的北端这一崇高的位置之上。这里可介绍一下它整套的象征意义（图2-3）：整座塔分而为三——作为底层的塔基，分为若干层级，用各种雕塑图案进行装饰，象征佛教教团；塔室层内设有塔心室（Cella），配有四门四窗，神性的光芒（Das Göttliche）由此散发出来，两侧雕有作为佛陀侍卫的菩萨、金刚力士（Welthüter und glorreichen Devas）。塔心室代表佛陀本身。塔身由十二层圆弧形塔檐逐层收叠而成，象征着佛教义理学说（佛法）；三者合一，象征着佛法僧一体。此外，位于塔下端的双层基座，象征着天和地，最高处的塔顶的火珠（Feuerperle），可以视作飞升尘外（Auflösung in den Äther）的表征。这就是塔中宇宙，它将佛教三界和最终拯救含纳为一。与此同时，也形成了完美建筑艺术形态

的内在前提。塔基和塔室上残存的浮雕装饰，也为高度完善的艺术
形式提供了想象空间。

6-1

6-3

6-2

6-4

图 6　多角天宁塔：河南嵩山嵩岳寺塔

6-1　西眺嵩山和宝塔,平面为十二边形,塔檐 14 层,总高 39.60 米,建于公元 522 年,北魏末年。
6-2　从东南看崖谷中的嵩岳寺塔。
6-3　北京天宁寺塔,平面为八边形,塔檐 12 层,总高约 56 米,始建于公元 602 年,今天的建筑
　　　建于辽代 1048 年,最后一次大的修缮是 1756 年。
6-4　嵩山一座寺庙中的墓塔,平面为八边形,双重塔檐,高 6 米,建于公元 746 年。

　　天宁寺塔这座杰出的宝塔,初建于公元 602 年的隋代。在距离
它 5 公里左右,位于北京西城墙前的八里庄,晚明万历年间的公元
1576 到 1578 年,慈圣太后授意建立了一座姐妹塔。这座塔在整体营
建上尽可能仿效早其 530 年的古老范例,在具体细节上却大不相同。
这对姐妹塔成为北京著名的标志性建筑。

　　依据这一基本的营造观念,在中国北部地区建造了众多天宁寺
塔(图 7-1),尤其是在辽金时期。当然也有许多是建于后来的一些
朝代,那些塔自然都将之视为可堪效仿的典范。北京近郊,以及稍远
一些的地方尤其多见。目前已经知道的那些重要的天宁寺塔,我个

人研究所涉及的，就有 70 座左右。历史环境和民族关系对于理解这些塔的形态非常具有启发性。

这类宝塔中有很大一部分自然都坐落于契丹族（建立辽代）和女真族（建立金朝）的部族发祥地，还有今天的热河和满洲地区（图 9-2）。这些宝塔位于大城市和寺庙，以及那些业已衰落或失去重要意义的古老都城。这些建筑，有些已成废墟，或是依然残存，有些得到修缮，上面通常都有丰富的雕饰，尽管它们在艺术上根本无法与中原汉地的雕饰相媲美。但是，依然处处可以感受到人们对基本样式和母题的改造能力，使其显现于各种变种形态之中。将塔室由一层变成两层或三层，最终将两部分的主体转化为仅保留华丽的塔基，由此而产生出一种独特的样式（图 7-3）。这座塔纯粹由塔层组成，乍看上去就像是一座层塔，跟辽宁的那座塔差不多。我们以这组宝塔的分支类型，结束对第一种宝塔形式——天宁寺塔的讨论。

1934 年在北方绥远省的一次考察中，在位于黄河北转弯之处的归化，我曾见过这样的一座宝塔（图 7-3）。这座塔名为白塔，建造日期可确认是公元 1118 年到 1122 年，即金朝建国之初。金朝在战胜前朝辽国，最终确立政权之前，便已占领了这片土地，立刻就建造了这座塔，将其作为自身权力的象征。这座塔共七层，向上匀称收叠。而平面八边形，设有盲门和直棂盲窗，这些特征则表明了它与天宁寺塔的渊源。此外，还有构造繁复的塔基（图 7-4），饰以勾栏和莲花座，尤其还有这一种情况：最下面的两层，门窗两侧是佛教的金刚力士和菩萨，格外威严崇高，用灰岩浮雕雕刻而成，共有 32 尊这样的造像。门和窗的框架，以及所有建筑附属构件的处理，还有姿态和面部表情表现出一种直接的、全新的对西方古典风格的效仿。这是一个新的例证，说明横贯整个亚洲从未中断过文化联系。

蒙古族作为外来异族，公元 1280 到 1368 年统治中国。第二大

7-1

7-2

7-3

7-4

图 7　天宁塔的完整形式：作为变种的八边形、方形和楼阁式层塔

7-1　辽代宝塔，辽宁，公元 1050 年左右，易县；辽塔，河北房山，公元 1117 年。
　　　译注：该图引自《中国营造学社汇刊》甲：太宁山净觉寺塔；乙：河北房山云居寺南
　　　塔；丙：净觉寺塔详部；丁：辽宁北镇崇兴寺。
7-2　辽宁，大名城和朝阳/热河，建于辽代 936—1125 年。
7-3　绥远归化白塔，八边形，7 层，原本总高约 56 米，建于金代 1118—1123 年。
7-4　归化白塔细部，塔基和莲座，都位于塔层之下，侧面各有 2 尊石灰岩浮雕造像。

类型的宝塔在这一时期传到中国，且在北方地区传播开来，即喇嘛塔。13 世纪初，伴随着蒙古族进入中国北部，喇嘛塔产生并得到发展。也可能是公元 1234 年金朝最终灭亡时才出现的。中国人长期以来一直采用喇嘛塔的称谓，非常形象地说明了它自身的情况，即这种形式主要是在喇嘛教信仰的地方才出现，这些形式自身也不断演化。其突出特征是有一个覆钵形的塔肚子，上面冠以修长的塔脖子（Shlanken Stange），又称为相轮。宝塔的主体部分，即前面述及的带相轮覆钵塔身，加上下层结构，即通常分为若干层级，多为四或五层的塔基，在相轮和塔刹之间的衔接部分，以及塔刹，它们共同为完美形式的丰富性提供了无限可能。在中国这个限定范围内，高规格的建筑形式常常通过高度的建筑艺术之美来达成。迄今为止，人们对这一点还缺乏应有的认识。在外蒙古，以及在西藏的拉萨，形式上的尽善尽美远远还不能让人满意。建造覆钵状塔身这种形态无疑是发端于前面所提到的骨灰坛（Totenurnen）。直到今天，在中国的有些地区人们依然将死者或者他们的遗骸临时地或者是永久地安葬于其中。骨灰坛安葬的习俗在蒙古和西藏，因制陶之难，并未得到广泛传播。恰恰因为这样，人们在宗教仪式中选择了这种独特的外来形式，作为宗教形式，它又伴随着喇嘛塔回到了中国北部地区。位于塔上端的塔脖子可能源于古印度的墓冢，或者西藏的经幡。

这类喇嘛塔（Lamastupa）（图 8-4）将骨灰坛作为存放舍利之处，其中可以看到僧人的干尸。在它上面则是层层堆叠而成的相轮。

相轮这一样式必定非常古老，让人想到著名的阿育王塔（Asokastupas）。阿育王是印度一位热切的佛教传播者，据说在公元前 220 年左右共兴建了 84000 座奉祀佛骨的佛舍利塔，然后分发到不同的国家。中国自诩也拥有其中一部分，并为此罗列出很多地方。比如说在浙江省的一座寺庙就新发现了一座这样的塔，最早是建于公元 400 年左右。这座塔作为舍利匣，至今人们都心存敬畏地将其保存着。位于长江下游的吴越之国，其最后一位国王（译注：吴越王钱弘俶，公元 929—988 年），喜好佛教，效仿阿育王，在 955 年同样也建造了 84000 座类似的塔（图 8-2），然后分发到中国各地。在中国一些地方，的确可以找到根据这种模式建造的小型遗存（图 8-3）。以上只是为了解释相轮；与众不同的是，喇嘛塔是用坛形器而不是匣子作为（盛装圣物的）容器之用（图 8-4）。

迄今所知，最古老的一座喇嘛塔位于北京，由忽必烈下旨敕建于公元 1279 年，我将结合北京其他几座喇嘛塔来一起讨论。这里先来说说一座非常少见、确切建造于蒙古统治时期的喇嘛塔，位于长江中游的武昌，非常出名，但凡到过此地的游客都会知道（图 9-1）。它坐落在黄鹤楼故址之上，黄鹤楼作为武昌城和长江的标志性建筑，自由自在地矗立着，格外引人注目。它构成了寺庙群延伸线的终点，在图9-1 上不是那座昔日优美楼阁旁的、高大而业已毁坏的补充建筑，更确切地说就是黄鹤楼左侧的一座小塔。该塔用石灰岩建造，年代极有可能是公元 1350 年左右。当时居住于此的蒙古王子和地方官（即威顺王），是忽必烈的孙子，修建了此塔，以此作为一位有功的大喇嘛的纪念或其墓冢。该塔（图 9-2）高大约超过 9 米，双层塔座，圆形塔身之下是一个简单的平座（Platte），作为过渡和链接部分的圆锥形相轮之上，冠以伞盖和宝顶。该塔之重要，在于其确定的建造年代，此外，其比例协调尤为精致，所有部分在艺术上都尽善尽美。

公元 1368 年，蒙古最终被驱逐。此后的明朝，继续大量使用这种罕见奇特的喇嘛塔。即便在宦官当权、肆无忌惮的统治下，佛教也得到前所未有的繁荣。明朝在政治和经济上与蒙古和西藏保持着紧密的关系，尤其是后来不得不将都城从南京又迁回北京。喇嘛教得到推崇，并且在西藏发展出了新的教派方向。大约在 1403 年前后，

8-1

8-2

8-3

8-4

图 8　喇嘛塔相轮的早期形态

8-1　据传为阿育王真身舍利塔，位于浙江宁波阿育王寺，高 30—40cm，材质不详，源于印度。

8-2　浙江天台山国清寺中吴越王钱弘俶(929—988 年)所造 84000 座塔之一，大约公元 955 年。

8-3　福建福州鼓山阿育王塔式样的舍利塔，石构。

8-4　四川嘉定东南佛教名山一殿内的尸身塔，建于元代。

9 - 1

9 - 2

9 - 3

图 9   喇嘛塔的两种形式：有夹层与否；单层台基式两层以上的台基

9 - 1   长江畔湖北武昌的龟山，河畔台基之上，崖阶尽头是一座小型的蒙古时期的喇嘛
     塔，旁边高高未建成的新建筑是早已享有盛名的黄鹤楼，再向后就是整座寺庙群。

9 - 2   武昌河畔台基之上的喇嘛塔，高 9 米，灰岩构件，建于公元 1350 年左右。

9 - 3   北京西郊白塔庵塔，高 27 米，约建于公元 1403—1425 年。

山西五台山那座年久失修的宝塔得到重建，形态为喇嘛塔，规模宏大，54 米之高，如此巨大的工程在营建上也是一个难题。在明代，世俗僧侣亦以喇嘛塔作墓塔，这一习俗兴起并得到进一步传播。

满族继金之后于 1644 年又一次，也是最后一次建立了异族统治的朝代——清朝，其统治一直延续到我们今天的 1911 年。它必然强烈地依赖着其边关地区。佛教于它而言，正好可以成为外交政策的工具。18 世纪，乾隆皇帝庞大的清帝国最终实现了太平盛世，他始终都有意识地推崇佛教和喇嘛教，尽管有时候这种推崇也值得怀疑。在公元 1644 年清朝第一位皇帝顺治入主中原之前，公元 1636 年其父在奉天（Mukden，沈阳旧称）旧都继承帝位，已经开始着手准备在外城四个方位建造四座喇嘛塔（图 10）。后来他的儿子顺治帝承续父愿，于公元 1645 年虔心完成了这项工程的修建。与此同时，还在旧都的中轴线上建造了一座古老的天宁寺塔，作为四塔的中心，形成具有仪式象征意味的数字 5。可以看出，清朝有意识地延续辽金以来的传统，用同样的象征手法守卫着都城，正如他们在自己的统治范围内，也相应地设置了"五京"，如出一辙。奉天的四座喇嘛塔，距老城和中央的天宁寺塔各约 4 千米之遥，他们几乎完全一样。（图 11 - 3）。高高的塔座分别饰有八只风格奇特的砖雕雄狮。圆形塔身面向老城设有佛龛，上部是相轮，最上以伞盖和宝顶作结。

北京（图 12）今天的城市形态，是自公元前 1100 年以来，历经数千年的风云变化和城市变迁，长期历史积淀的结果。它就像一个焦点，凝结着异族统治，尤其是对北方地区统治的重要记忆。因为自古以来这里就是通往北部、西北地区以及经蒙古前往西藏的要道。北京地区宝塔的建造，诸异族统治的朝代皆有其重要的贡献，构成一种承续关系。

公元 602 年，隋代开国之君在天宁寺建造了一座宝塔，将其视为

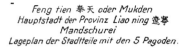

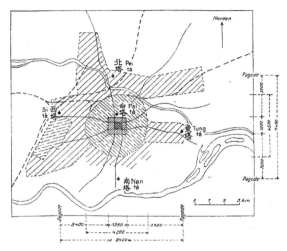

图 10　辽宁奉天五座塔的分布图

　　清朝入关之前都府——奉天府的平面图:中央建有宫殿的古老方城,位于向外延伸外城的城墙内。在外城城郊东西南北各建有一座喇嘛塔,四座建于同一时期,即公元 1642 年至 1645 年,几乎是同一造型。

　　在老城的北城墙前,大约位于四座塔的中心,有一座古老的天宁塔,始建于唐代,今天的建筑风格则源自辽代。图中标示出了铁路线,以及位于西塔之南的日本"满洲国"市郊。——据中国地图而绘制。

帝国重新又获得统一的标志。到辽代,这座古老的宝塔已经坍塌。公元 1048 年辽代人建立了宏伟的天宁寺塔,作为其后继之作。我们已经对这座塔有所讨论。对辽朝来说,这座位于都城和宫殿中轴线北端新建的纪念性建筑,同样也是权力的象征。与此同时,辽代在当时称为燕京的南都(辽南京),东西南北四正方营建了四座塔,作为城市守卫的象征。与我们所知奉天和清朝初年的情况如出一辙。或许可以推想,这座位于辽代都城北城墙附近的天宁寺塔在这组塔中的地位,类似于奉天天宁寺的位置。现在另外四方的四座塔不复存在

11 - 1

11 - 2

11 - 3

11 - 4

图 11 宝塔的演变形式：各种形态的喇嘛塔

11 - 1 北京西城妙应寺白塔，砖灰，高约 45 米，建于元代 1271—1279 年。

11 - 2 山西五台山塔院寺大塔，砖构，外抹白灰，高 54 米，始建于汉代公元 58—76 年，
或北魏时期 471—500 年。今天的建筑建于明代 1403 年或 1582 年。

11 - 3 奉天府西塔，砖、灰、陶混合构件，高 27 米。清皇室建于 1642—1645 年。由建筑
师罗塔·马尔克斯（Lothar Marcks）测绘并铅笔绘图。

11 - 4 绥远归化席力图召大喇嘛舍利塔。砖、陶、灰混合构件，高 11 米，建于康熙末年，
1713 年之前。

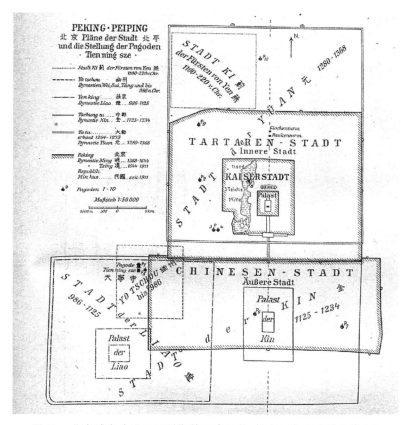

图 12 北京城市建设不同时期的历史沿革,标有一些重要的宝塔(P)

p.1:辽代 1048 年,天宁寺天宁塔。

p.2:元代 1271—1279 年妙应寺白塔。

p.3、P4:元代 1135 年天宁双塔。

p.5:天宁寺附近稍晚时期的小型天宁塔。

p.6:金朝小天宁塔。

p.7:级塔,7 层,明代。

p.8:小白塔,清 1652 年琼华岛上北海宫殿小白塔。

p.9:清初 1650 年左右黑塔。

p.10:乾隆时期 1782 年(西)黄寺金刚宝座塔。

已经很久了，其位置也难以知晓。然而，位于北方的塔基位置或许还可以确定。前面已经提到的大喇嘛塔，修建于公元 1271 年到 1278 年（图 12，p.2），由忽必烈敕令修建，位于鞑靼城西，皇城和什刹海以西。据记载，早在公元 1096 年的辽代，这里就有一座塔供奉着佛舍利。塔在当时处于立起的状态，在明显垮塌之后，1271 年忽必烈主持将塔打开，然后进行拆除，并在此基础上修建了一座规模宏大的新塔（图 11－1）。那座早期建筑必定与辽代四塔的北塔风格一致，而后来的喇嘛塔则继承了这一古老传统。

金代似乎并没有在北京留下什么大的宝塔建筑，但是它在今天的外城（Chinesen-stadt；Äußere Stadt）中修建了带有新中轴线的新宫殿，作为其主体建筑，由此确立了稍晚一些，直至今天依然存在的北京南北中轴线。现在的鞑靼城，还有当时尚不甚规则的湖和溪流，与金代奢华的林苑相连。之后被改造成皇家花园，包括了三海（前海、中海和后海）和琼华岛（Hortensien-Insel）。金代从开封的园林，即从前隋朝皇帝的住所，引进了大量装饰石到北京为琼华岛所用。马可·波罗曾对忽必烈时期林苑和湖泊的扩建，尤其是琼华岛（图 12，p.8）的扩建进行过报道。不过直到建立满洲统治的顺治帝，才在享有盛名的琼华岛山顶，建造了一座规模稍小的喇嘛塔（图 14－1，图 15），与西边蒙古时期宏大的白塔相对。自此这两座喇嘛塔成为了北京城内让人印象深刻的标志。

这里我们将两座塔放在一起来考察，它们正好位于北京的东西线上。忽必烈的大喇嘛塔，或称之为白塔，位于城西中央（图 12，p.2），构成了美丽且规模宏大的妙应寺的终点（图 13）。也就是说，它形成一个绝妙的补充。塔位于寺庙终点这一布局，在蒙古时期的喇嘛庙中是常见的。壮美的白塔（图 11－1）高约 45 米，塔身在勾栏平座和平台上高高耸立，未设佛龛，在宽阔的相轮和远远向外挑出的青铜伞

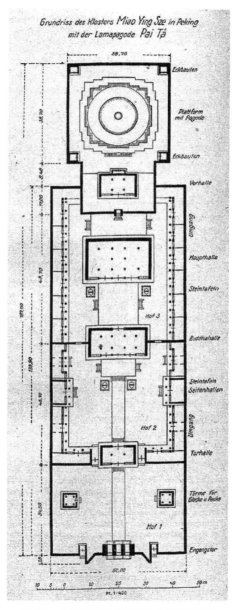

图 13　北京西城妙应寺及白塔平面图

盖之上，有一个新的、形态完整的小喇嘛塔作为顶冠。

小白塔（图14-1），身处仙境般的、曾被金朝皇帝赞叹不已的环境，冠顶穷其繁复华丽的、以传说中的祈福之花为名的琼华之岛。它高37米。苍松翠柏掩映，如神秘的神龟之背从湖畔之北的夏日莲池上冉冉升起。这座塔的构建（图15），正如在精细的绘图中展现出的那样，适应于最佳的视觉效果，结构上拥有高度的艺术性，与它前面的小殿一起，构成汉地喇嘛建筑艺术的典范。立塔之前的一些历史情况颇值得注意：早在公元1642年，还是在明朝统治时期，拉萨的达赖喇嘛就派遣高级喇嘛们（hohe Lamas）作为使者前往顺治父亲的宫廷，因为他被视为中国北方未来的大人物。正是这个机缘，开始了奉天周边四塔的营建。达赖喇嘛计划之中的亲自访问，十年之后才成行，此时顺治已经继承了帝位，且从1644年开始成为整个中国的皇帝。自此，清朝历代皇帝统治时期，中国与西藏之间一直保持着紧密的政治联系。这清楚地表明：作为旧时满洲（女真族）金朝的后继者，新上任满族的清朝统治，在政治上政策要宽松得多。

在最后一个异族统治的朝代，也是中国的最后一个王朝，这种宽阔的视野，一方面导致了后来在西藏、蒙古和突厥地区的重大军事行动，另一方面又促成许多建筑的修建，它们须被视作政治的纪念碑。其中最著名的要数热河地区的喇嘛庙和喇嘛塔，这里只能是捎带提及一下了。不过最后我们还会提到诸多建筑群中的几座宝塔。

为绥远归化著名的席力图召大喇嘛（Siretu Hutuktu）——一位饱学之士以及当地的宗教首领——而修建的舍利塔，位于城外四座大喇嘛寺中的一座寺庙中。康熙皇帝与这位大喇嘛颇为亲近，可能就是他在大约公元1720年前后主持修建了这座即使小巧却也富丽

14 - 1

14 - 2

图 14　喇嘛塔的高度发展形态

14 - 1　北海琼华岛上的小白塔,图为从一座凉亭正南面向西南方向所望见。砖和琉璃
　　　　构件。高 37 米,建于 1652 年,即清朝入关之后第一位皇帝顺治时期。

14 - 2　位于北京北的西黄寺汉白玉塔,四角四座塔幢环绕这个班禅喇嘛的舍利塔,高
　　　　22.5 米,建于 1782 年乾隆年间。

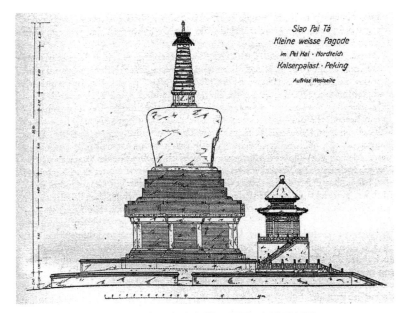

图15　北京北海小白塔平面图，南坡西侧殿

砖石混合结构，外抹白灰，高35.50米，建于公元1652年。尺寸比例：1∶400。根据
艾克初次绘制的测绘图以及照片重新绘制。

的建筑。华丽的基座带有立柱（Freisäulen）和浮雕，共有四层，其表
面镶嵌有彩陶梵文经字。基座之上是宝瓶（Urne），白色而修长的圆
形塔身之上，同样也用到彩陶装饰构件，用来装饰华丽带有象征符号
的佛龛，还有塔肩周围的流珠。相轮上的字符亦以此为饰。

　　我们以18世纪清朝的巅峰——乾隆时期的两座多尖宝塔作为
报告（本文）的结束。不得不提的要数北京西山碧云寺的金刚宝座
塔。它建于公元1749年，宝塔为五座天宁寺塔形制，位于宽阔的塔
基之上，浮雕装饰都极为精致，表现了佛法和弘扬佛法的故事。用四
种语言所记载的题记碑文，讲述了其建造的缘起和相关历史关联，已
经由海尼士翻译并且发表。而作为最高规格的政治性纪念建筑，则

是位于北京正北的黄寺（即今北京的西黄寺，图 12，p.10）中的纪念塔。公元 1782 年，为纪念班禅喇嘛建成此塔（图 14-2）。西藏班禅喇嘛出于政治考虑，出访北京乾隆宫廷。班禅喇嘛卷入了英国希望从印度出发染指西藏的阴谋活动，致使其在北京被人毒死，皇帝由此下令在此建造宝塔以示纪念。该塔中间为藏式风格的主塔，周围是四根支柱、栏杆和两座门，所有的构建为汉白玉，极尽奢华。

这是在中国最新原创建造的最后一座大规模宝塔。公元 1796 年，在位执政 60 年的乾隆皇帝退位，随之而来是中国在政治上持续不断的衰退，直至今天的动荡纷乱。

这两种独特宝塔类型的出现，它们的广泛分布，却又只是限于北方地区，这些现象解释起来并不容易。并不是战场上常胜的鞑靼人或蒙古人自己单独建造了这种艺术样式，更多地可能要将其归结到满族建立的清朝，他们在过去三个世纪的漫长时间里几乎已经与汉族完全融合了，至少在我们西方人眼中如此。然而即便是满清，更别提其他一些更早的由异族建立的朝代，在建筑艺术上几乎都没有什么贡献。

尽管如此，如伴随着国家在北方地区重新洗牌而产生的新上台统治阶层的新国家意志，以及鲜活而年轻的力量，还是为中国的艺术家和手工艺匠人带来了成果丰硕的灵感激发和高涨的热情。此外，正如蒙古和清朝统治时期不断证明的那样，在一些大规模的营建工程中，也会不断出现外来艺术家和新的原创式样和模型的影响。

而决定性的因素，则是宽阔的视野和对远方的态度，还有宏大线条和恢弘的气度，这一中国精神在北方游牧民族身上感受得最为直接。这让我们想到，此前欧洲大致相同时期的民族大迁徙时代（译注：公元 4—8 世纪），以及随后的十字军东征（译注：公元 11—13 世纪），在临近的土耳其帝国和相隔甚远的蒙古帝国，激起持续不断的反抗和不满。那时，在我们的建筑艺术中，产生了罗马式风格，又发展出了哥特式风格。无论是个人还是整个民族的生活中，带来强大发展的决定性影响因素，常常只是单纯的发起者和传播者，他们本身并不需要拥有的创造性。

来看看我们自身：我们清楚地感觉到，过去几十年我们不断对外扩张，乃至当前针对永恒的亚洲草原的后人发动的战争，都赋予了我们新的力量、新的希望和活跃的思想。此前中国与异族部落和朝代相互之间的重大影响，情形亦是如此。

然而，几个世纪过去，这些影响步入沉寂之中。可它们依然存在于持续不断发生的历史事件之中，存在于各种力量的冲突和矛盾之中。我在这里从中国建筑艺术中提取出一个小截面，与其他所有建筑艺术一样，只是一个象征，但是希望它能成为阐明那些真理的一个案例。

附录 1 《鲍希曼（1873—1949）》（1950）

颜复礼①

　　1949 年 4 月 30 日，鲍希曼教授在巴德皮尔蒙特②辞世，这是德国中国学研究的一个重大损失。他的名字一直与中国建筑艺术研究联系在一起，筚路蓝缕，他开辟了这一研究领域，并将其提升到重要高度。这位谢世之人的人生道路，与学界条条框框中的那些成规有着迥然之别，值得人们进一步来研究他。

　　1873 年 2 月 18 日，他出生在昔日东普鲁士的梅美尔③，在家乡上高中，1891 年高中毕业，到夏洛腾堡工学院④学习建筑工程。通过资格考核之后，从 1896 年到 1901 年，他在普鲁士一些政府机构中担

---

① 译注：颜复礼（Fritz Jäger, 1886—1957），德国汉学家，曾任职于汉堡大学汉学系。Fritz Jäger: Ernst Boerschmann (1873 - 1949). In: *Zeitschrift der Deutschen Morgenländischen Gesellschaft*, 99 (N. F. 24)/1945 - 1949(1950)，S. 150 - 156。

② 译注：巴德·皮尔蒙特（Bad Pyrmont），位于德国西北部的城市，属于下萨克森州。

③ 译注：梅美尔（Memel），曾经长期是东普鲁士领地，位于普鲁士与立陶宛的边界。1919 年被列为协约国保护地。在《凡尔赛和约》签订之后，梅美尔被分离德国，成为法占领之下的自治区。1923 年在布德瑞斯（Budrys）指挥的立陶宛部队攻击下，法国部队撤离。1930 年更为克莱佩达（Klaipėda）。1939 年被合并到德意志第三帝国。1945 年 1 月被苏联红军占领，归还给立陶宛苏维埃社会主义共和国。二战后，许多居民被遣送到西伯利亚或者驱逐到德国。

④ 译注：夏洛腾堡工学院（Die Technischen Hochschule Berlin-Charlottenbug），位于柏林的夏洛腾堡区，该校最早的渊源可以追溯到腓特烈二世在 1770 年 10 月发起创立的采矿学院，另外两个源头分别是 1799 年 3 月创建的建筑学院和 1821 年的皇家职业学院。1879 年三个学院合并成立皇家柏林工业高等学院（Königliche Teschnische Hochschule zu Berlin），也称为夏洛腾堡工学院。该校是德国始创最早的高等工业学院，1899 年开始颁发博士学位。即今天的柏林工业大学（Technische Universität Berlin）。

任建筑和军事事务官员。在此期间，他还在卡尔斯鲁厄①工作过一年。1902 年，他作为高级建筑官员，随德国东亚驻军被派往中国，这段经历对鲍希曼未来的人生道路，有着决定性意义。伟大而自成一体的东方文明和东方世界观，正如它们在建筑遗存中所呈现出来的那样，深深地打动了这位年轻建筑师的心灵，他是那么着迷，以至于决意把余生投身到中国建筑艺术的研究中去。带着这个决定，他于1904 年回到德国。由于一些有识之士中间奔走和层层游说，德国国会在公决中同意提供必要的经费，支持他的中国建筑研究。随后，他以学术顾问的身份正式被派往德国驻北京公使馆。1906 年 8 月，他开始了他的东亚之旅，这次他选择了经由美国和日本去往中国。接下来的三年之中，这位受其研究使命驱使、激情澎湃的研究者，穿越了晚清 18 个行省中的 14 个，长途跋涉，从北部的五台山到南部的衡山，从西部的峨眉山到东部的普陀山，收集了丰富的材料，有拍摄的照片和素描图，还有寺庙、塔、坟墓和其他一些建筑的测绘图，数量之多，令人叹服。回国之后，在收集大量材料的基础上，他拟定了写作计划，决定以"中国建筑艺术与宗教文化"为总题，将中国建筑分为几个相对独立完整的类别，进行个案描述和阐释。很快，在 1911 年和1914 年连续出版了前两卷，分别是《普陀山》和《祠堂》，②这两本书印刷精致豪华，今天早已售罄，几乎不太能买得到了。在第一卷对舟山群岛上著名的观音道场进行写作的时候，第二卷祠堂的整理和研究差不多也是万事俱备，这些祠堂因国事之故，为先贤圣王所建，尤其是为孔子而建的文庙，此外还有显赫而富裕的家族为祖先所建的宗

---

① 译注：卡尔斯鲁厄(Karlsruhe)，位于德国西南部城市，属巴登-符腾堡州。
② Ernst Boerschmann: *Die Baukunst und religiöse Kultur der Chinesen. Einzeldarstellungen auf Grund eigener Aufnahmen während dreijähriger Reisen in China*. (Band I: *P'u T'o Shan，die heilige Insel der Kuan Yin，der Göttin der Barmherzigkeit*. Berlin 1911. XVII + 203S. Text. Band II: *Gadächtnistempel Tzé Táng*. Berlin und Leipzig 1914. XXI + 288S.

祠。在这篇鸿篇巨作中,作者试图努力阐述中国建筑艺术的重要特征,即中国人的古代建筑艺术是他们宗教观念和生活方式完美而恰切的表述。

鲍希曼这一出色的、刚刚起步的文案工作,不幸被中断了。第一次世界大战爆发了,他被迫投笔从戎。作为连长,他参与了在马祖里亚的冬季战事①。1915 年春,他感染了风寒,康复之后,重任旧职,担任起军事建筑官员,并于 1918 年到 1921 年主持了东普鲁士所有战争墓地的拆迁和改建工作。是时,在知识分子界和政治界,人们预感到《凡尔赛条约》对梅美尔地区的分裂意图,他担任梅美尔乡党会的主席,短暂地领导了东普鲁士的国家联合行动,这在当时隶属于施特雷泽曼领导的德意志人民党②。

尽管政治事务缠身,鲍希曼还是坚持不懈地继续自己的写作计划,1923 年他结束了自己的政治活动生涯,也在这一年,出版了非常精美的《中国建筑艺术与景观》一书。本书标题就已经表达出了中国建筑的一个独特之处,即建筑与景观的紧密联系:赋予自然以灵性,崇拜自然,对远近自然环境一以贯之的讲究,使得与建筑相关的一切,都恰如其分,几近完美地融入自然景观之中。接下来《中国建筑》(1926)两卷本的完成,标志着他写作事业达到高潮。在这部优秀的著作中,没有介入中国建筑艺术历史背景的描述(此类讨论或许得留待将来用专书来论述),而是插入了大量精美的摄影图片,他将自己限定在"纯粹艺术形式"描述的范畴中,与此相应,用了 20 小节篇幅对一些重要的建筑类型和建筑部件进行了探讨。在这一过程中,作者发现处处都是机会,去洞悉和阐明中国人的性格特征、他们的世界

---

① 译注:马祖里亚(Masurenland),曾为德意志领土,第一次世界大战后被划割到波兰。
② 译注:德意志人民党,Deutsch Volkspartei。施特雷泽曼(Gustav Stresemann, 1878—1929),魏玛时期的"百日总理"(1923 年),和六年的外交部长(1924—1929)。

观、哲学和宗教思维方式、审美观念以及对于建筑环境和建筑形态的艺术感知。随后《中国建筑琉璃》（1927）的出版，则可视作是对这两大卷的有益补充。

在这期间，鲍希曼孜孜不倦从事研究工作，成绩斐然，也得到了官方的认可和赞许：早在 1924 年，鲍希曼就被任命为夏洛腾堡工学院的荣誉教授，担任了中国建筑艺术的教席职位。接下来的年头里，他频繁参与中德文化关系的社会活动，中德关系的需求也是他毕生的牵挂。他将自己的关怀倾注在柏林的中国留学生上，在这点上，也得到他太太的理解和全力支持。与此同时，他还热心地为公众做讲座，将他丰富的研究材料多次拿出来举办展览。1931 年，尽管那时经济大萧条，他最终还是得以将计划中的第三卷《塔》（第一部分）出版，形式外观与此前《中国建筑艺术与宗教文化》保持着一致。1943 年，第二部分（包括对天宁寺喇嘛塔的描述和研究）手稿也完成待印。中国的塔，于内于外都是世所罕见的艺术财富，理应属于东亚艺术史最重要的研究议题之一。这是德国学术应担当的光荣使命，也应拿出负责任的态度，克服排印上的经济困难，尽可能地去清除出版道路上的障碍。只可惜，第二部分的出版已经不可指望了，因为现在它只是沦为了遗产中无关紧要的尝试工作罢了。

对于研究某一特定文化的任何学者，都需要一直不间断地去亲自接触他们研究所涉及的国家。对于中国的情况来说，尤其如此，因为在此期间，中国的文化和社会状况发生了天翻地覆的改变。鲍希曼乐于接受来自现实生活的验证。克服重重困难，1933 年 8 月，他的第三次中国考察之旅得以成行。此行离乡一年有半。首先是在广东驻留了差不多三个月，接下来又一次去了中部和北部的一些地区，尤其是位于西北部的陕西省，收集了大量新的有价值的材料，在这个过程中，他将中国现代城市规划问题也纳入了自己的研究范围。回国之后，他将过去的所有材料和新收集的材料全部进行了整合，存放在临时的私人研究机构中，可是据说这个机构并入了柏林大学的汉学系，鲍希曼从 1940 年开始在那里担任讲座教授。1943 年 8 月柏林遭到轰炸，他迁居到巴特德皮尔蒙特，恰恰因为这样，那些关于中国研究的材料，没有放到遭炮轰的柏林工业大学，及时转移有幸得以保存，躲过了一劫。由于鲍希曼将汉学研究视作自己继续研究的重要支撑和值得追求的方向，1945 年秋获得调动许可，进入汉堡大学，同时被委任为汉学系的临时负责人。鲍希曼怀着许多愿望到汉堡，如果说这些愿望未能全部实现的话，只能怪时间不留情。尤为遗憾的是，最后他都无法亲眼见到汉堡美丽的研究所，这个研究所现在与福兰阁图书馆合并为一，值得安慰的是，来自这个研究所的访客在他的病榻上向他描述了这个研究所。现在大多数工作内容和计划都还未能完成，直到生病的最后他还在为此孜孜不倦地努力。对他而言，是要将他倡导的中国建筑研究，作为中国学不可或缺的分支发展下去。可是如果是基于建筑遗迹和文献资料，写一部真正的中国建筑史，还需要许多代人的不懈努力。继中国建筑研究的日本学者如小川一真、关野贞、伊东忠太等之后，在欧洲已有学者，如喜龙仁、艾术华、梅尔切斯和艾锷风，他们接过鲍希曼点燃的知识火炬，并将其传递下去。如果说，新近不久在中国人自己那里，对中国古代建筑艺术的理解也觉醒了，那么他们还没有最终悉知鲍希曼的设想倡导。中国现有文物遗产保护的大致框架同样也受益于他的首创精神。我们依然翘首以盼，能够有新的研究者能够在这个领域中开辟新的天地。

以上这些文字或许并不怎么完整，如果我们不在文末简短对其人格作一个评价的话。这里，无需过多的词语：正直而真诚的品性、崇高的精神境界、孜孜不倦地助人为乐、对汉学研究赤诚的兴趣，更别提他追求人世间一切美和高贵的热情和能力，这些对于那些有幸

与他相识，感受到他的魅力的人来说，永远会留在心中。有一句诗，
是他真实的写照①：

> 把控制我们大家的凡庸平常，
>
> 抛在他身后，成为空虚的假象。

---

① 译注：该诗句出自歌德《席勒大钟歌跋》：Indessen schritt sein Geist gewaltig fort In's Ewige des
Wahren, Guten, Schänen, Und hinter ihm, In wesenlosem Scheine, Lag, was uns Alle bändigt,
das Gemeine。

附录 2　鲍希曼的著作、论文与译本编目

(1) 著作与论文(依据时间顺序排列)

1905

1. Über das Studium der chinesischen Baukunst 中国建筑艺术研究

Kölnische Volkszeitung Nr.124,12.2.1905,第 1—2 页

Der Ostasiatische Lloyd 31.3.1905,第 573—576 页。

1906

2. Pi-yün-szi bei Peking，ein buddhistischer Tempel 北京佛寺之碧云寺

Wochenschrift des Architeken-Vereins zu Berlin 1.1906 年 3 月 17 日(Nr.11)第 47—48 页,(续)1906 年 3 月 24 日第 49—52 页。

1910

3. Architektur-und Kulturstudien in China 中国建筑与文化之研究

Zeitschrift für Ethnologie，42. Jahrg.，H3/4（1910），第 390—426 页。

(注：该文原为 1910 年 4 月 16 日演讲基础上定稿而成,英文 Chinese

Architecture and its Relation to Chinese Culture，发表于：*Annual Report of the Smithsonian Institution 1911*，第 539—569 页. 参见 8。)

4. Kultur und Architektur in China 中华文明与建筑文化

Der Ostasiatische Lloyd 24.1910，第 492—494 页。

（Berliner Tageblatte 对鲍希曼的演讲进行了报道）

1911

5. Ein vorgeschichtlicher Fund aus China（Provinz Schantung）山东史前遗存考

Zeitschrift für Ethnologie，1911，第 153—159 页。

6. Einige Beispiele für die gegenseitige Durchdringung der drei chinesischen Religionen 中国三教合一案例举隅

Zeitschrift für Ethnologie，43. Jahrg.，H3/4，1911，第 429—435 页。

（注：为穆勒（Herbert Müller）博士文章 Über das taoistische Pantheon der Chinesen 中国道观研究的附录）

7. *Die Baukunst und religiöse Kultur der Chinesen. Einzeldarstellungen auf Grund eigener Aufnahmen während dreijähriger Reisen in China.* Band I：*P'u T'o Shan，die heilige Insel der Kuan Yin，der Göttin der Barmherzigkeit.* Berlin：Druck und Verlag von Georg Reimer，1911. XVII＋203S. Text. 中国建筑艺术与宗教文化・普陀山

1912

8. Chinese architecture and its relation to Chinese culture（with 10 plates）中国建筑及其与中国文化之关系

Annual report of the board of regents of the Smithsonian Institution

for 1911. Washington，D.C.：Govt. Printing Office 1912，第 539—569 页。

（注：德文题为 Architektur-und Kulturstudien in China，发表于 *Zeitschrift für Ethnologie* 1910，第 390—426 页，参见 3。）

9. *Chinesische Architektur*. *Begleitewort zu der Sonder-Ausstellung chinesischer Architektur in Zeichnungen und Photographien nach Aufnahmen von Ernst Boerschmann*，veranstaltet in den vorderen Ausstellungsräumen des Kgl. Kunstgewerbe-Museums zu Berlin vom 4. Juni bis 20. Juli 1912. Berlin 1912.31S 中国建筑

（1912 年 6 月 4 日至 7 月 20 日柏林工艺博物馆在前厅举办了中国建筑特展，鲍希曼为此次展览撰文并提供了绘图和照片。1926 年 10 月 24 日至 11 月 11 日法兰克福艺术协会的中国建筑展中，此文再次随示。）

10. Baukunst und Landschaft in China 中国建筑艺术与景观
Zeitschrift der Gesellschaft für Erdkunde zu Berlin 1912，第 321—365 页，1 Taf。

（1912 年在柏林刊行了单行本，增加了图片 Taf. 2—7 共六张）

1913

11. Beobachtungen über Wassernutzung in China 中国水利设施观察
Zeitschrift der Gesellschaft für Erdkunde zu Berlin 1913，第 516—537 页。

12. ［书评］Oskar Münsterberg：Chinesischen Kunstgeschichte. Band 2：Die Baukunst. Das Kunstgewerbe. Mit 23 farbigen Kunstbeilagen und 675 Abbildungen im Text. Eßlingen：Paul Neff 1912.500S. 评《中国艺术史卷二·建筑艺术》（明斯特伯格撰）

Mitteilungen des Seminars für Orientalische Sprachen. *I*. Abt.：

Ostasiatische Studien 16.1913,第 177—181 页。

1914

13. *Die Baukunst und religiöse Kultur der Chinesen*.
Einzeldarstellungen auf Grund eigener Aufnahmen während
dreijähriger Reisen in China. Band II：*Gadächtnistempel Tzé Táng*.
Berlin u. Leipzig：Druck und Verlag von Georg Reimer 1914.
XXI + 288S. Text. 中国建筑艺术与宗教文化·祠堂

1922

14. Pflege ostasiatische Studien 谈东亚研究之促进
Ostasiatische Rundschau，3.1922,第 173—174 页。

15. Wechle geistigen Werte kann China uns geben? 中国之于我们
的精神价值
Ostasiatische Rundschau，3.1922,第 57—58 页,第 75—76 页。

1923

16. ［书评］Rudolf von Delius：Der chinesische Garten. Heilbronn：
Walter Seifert，1923. 评《中国园林》(鲁道夫撰)
Orientalistische Literaturzeitung，1923，Nr.10,第 515—516 页。

17. *Baukunst und Landschaft in China*. *Eine Reise durch zwölf*
Provinzen. Berlin：Ernst Wasmuth，1923. 288 Bilder und 25 S.
Text. 中国建筑艺术与景观
再版和图片版情况：Wiedergabe der Bilder in Tiefdruck durch
Rotophot A.-G，Berlin SW 68；Druck des Texts Otto v. Holten，
Berlin. Einbandzeichnung von Professor F. H. Ehmcke，München.

Einband der Leipziger Buchbinderei Act.-Ges. Vorm. Gustav Fritzsch，Berlin。

1924

18. Anlage chinesischer Städte. Nach einem Vortrag in der Märkischen Arbeitsgemeinschaft der Freien Deutschen Akademie des Städtebaues am 3. April 1924. 中国城市规划

Die Stadtbaukunst，1924，49‐5，67‐70

19. Innere Kräfte der chinesischen Kunst 中国艺术的精神气质

Berliner Tageblatt，31.1.1924，第 15—16 页。

20. Die große Linie in der chinesischen Baukunst 中国建筑艺术中的轴线

Deutsche Bauhütte 28.1924，第 81—83 页。

21. Über chinesischen Dachschmuck 论中国建筑的屋面装饰

Wasmuths Monatshefte der Baukunst，1924，第 215—229 页。

节选自：*Chinesische Architektur*（2 Bände），Berlin：Ernst Wasmuth A-G，1925.

22. Vorbildliche Motive chinesischer Architektur 中国建筑的典型样式

Deutsche Bauhütte，28.1924，第 150—154 页。

Bauamt und Gemeindebau 7.1924，第 7—10 页。

23. Baukunst und Landschaft in China 中国的建筑艺术与景观

Zentralblatt der Bauverwaltung 44.1924，Nr.1.第 1—4 页；Nr.2.第 10—12 页。

24. Eisen- und Bronzepagoden in China 中国的铁塔和铜塔

Jahrbuch der asiatischen Kunst，1924，第 223—235 页。

25. Pagoden der Sui- und frühen T'ang-Zeit 隋与唐代早期的塔建筑

Ostasiatische Zeitschrift. NF 1.1924，第 195—221 页。

1925

26. Die große Linie in der chinesischen Baukunst 中国建筑艺术中的轴线

Bauamt und Gemeindebau 27.1925，第 61—62 页。参见 20。

27. Die Kultstätte des T'ien Lung Shan［天龙山，bei T'ai-yüan-fu，Shansi］. Nach einem Besuch am 7. Mai 1908. 山西太原天龙山石窟：作于 1908 年 5 月 7 日的考察之后

Artibus Asiae，1.1925/26，第 262—279 页。

28. Keramischer Schmuck an chinesischen Geistermauern 中国影壁的琉璃装饰

Die Kunst-Keramik，4.1925，第 113—122 页。

29. ［书评］The walls and gates of Peking. Researches and impressions by Osvald Sirén. Illustrated with 109 photogravures by the author and 50 architectural drawings made by Chinese artists. London：John Lane The Bodley Head 1924.（Limited to 800copies）评《北京的城与墙》（喜龙仁撰）

Ostasiatische Zeitschrift，NF 2.1925，第 324—327 页。

30. K'uei-sing［魁星］Türme und Feng-shui Säulen. 魁星楼与风水柱

Asia Major，2.1925，第 503—530 页。

31. Der Rhythmus in der chinesischen Kultur 和之于中国文化

Neue Bücherschau 5.1925，第 503—530 页。

32. *Chinesische Architektur*（2 Bände），340 Tafeln in Lichtdruck：270 Tafeln mit 591 Bildern nach photographischen Vorlagen und 70

Tafeln nach Zeichnungen. 6 Farbentafeln und 39 Abbildungen im Text. Berlin: Ernst Wasmuth A-G, 1925.74S. , 170Taf, ; 68S. Taf. 171 - 340. 中国建筑（两卷本）

1926

33. *Chinesische Baukunst . Begleitwort zu der Sonder-Ausstellung: Chinesische Baukunst in Zeichnungen und Photographien nach Aufnahmen und aus der Sammlung von Ernst Booerschmann,* veranstaltet in den Räumen des Frankfurter Kunstvereins in Frankfurt a. M. vom 24 Oktorber bis 11. Novermber 1926. 中国建筑，参见 9。

34. Probleme der Baukunst: Warum veranstalten wir Ausstellungen über die Baukunst fremder Völker? 建筑艺术之问：我们何以要举办异民族之建筑艺术展？

Auslandswarte, 6.1926, 第 24—25 页。

35. Chiesische Gartenkunst. Von Landschaftsarchitectekt B. D. A. Pepinski mit Bildern von Ernst Boerschmann. 中国园林艺术（皮皮斯基［文］、鲍希曼［图］）

Wasmuths Monatshefte der Baukunst, 1926, 第 190—192 页。

36. Den kineske kvinde i fortid og nutid. En samtale med den tyske.

Tidens Kvinde, 4.12.1926, 第 4—30 页。

1927

37. *Chinesche Baukeramik*. Berlin: Albert Lüdtke Verlag, 1927. 110 S. Text. 中国建筑陶器

38. ［书评］Osvald Sirén: Les palais impériaux de Pékin. 274 panches

hors texte en héliotypie d'après les photographies de l'auteur. 12 dessins architecturaux et 2 plans. Avec une notice historique sommaire. Tome 1(69 S. , 72 Taf.)，tome 2(Taf. 73 - 174)，tome 3 (Taf. 175 - 274). Paris et Bruxelles：G. Van Oest 1926. 评《中国北京皇城写真全图》(喜龙仁撰)

Artibus Asiae 2. 1927，第 310—312 页。

39. Über das Ornamentale in der chinesischen Baukunst 论中国建筑艺术的装饰

Deutsche Bauhütte，31. 1927，第 134—138 页，第 148—149 页。

40. China im Spiegel der Baukunst 从建筑艺术看中国

Mitteilungen der Gesellschaft für Ostasiatische Kunst，2. 3. 1927，第 3—8 页。

41. ［书评］Shenyi und Henrich Stadelmann：*China und sein Weltprogramm*. Dresden：Max Gutewort. 164S. , 24 Bilder. 评《中国和她的实业计划》

Zeitschrift für Ethnologie，59. 1927，第 149—150 页。

1928

42. Baukunst und Landschaft in China. Zu den Vorträgen am 22. Dez. Und 2. Jan. 1928 关于中国建筑艺术与景观的演讲

Die Werag，3. 1928，第 1—3 页。

1929

43. Gedichte aus der Tang-Dynastie，618 - 906. Deutsche Übertragung von E. Boerschmann und J. Hefter 德译唐诗四首(鲍希曼、赫福特合译)

Deutsche Allgemeine Zeitung，27.1.1929

Tu Fu：Blick ins Land

Hsü An-chen：Nahes Zitherspiel

Li I：Unglückliche Kaiserin

Chang Hsüeh-ling：Der Wasserfall

44.［书评］Joseph Dahlmann S. J.：Indische Fahrten. Zweite.
Verb. Auflage. 2 Bde. Freiburg：Herder 1927. 638 S.，502 Bilder
aud 123 Taf.，3 Ktn. 评《印度之旅》(达夫曼撰)

Ostasiatische Zeitschrift，NF5.1929，第 23—26 页。

45. Der Quellhof in Pi Yün Sze. Ein Meisterwerk chinesiche
Gartenkunst 中国园林杰作——碧云寺的院落

Gartenschönheit，1929. 第 465—468 页。

46. Chinesische Stadtpläne 中国城市规划

Deutsche Bauhütte，33.1929，第 106—107 页，第 128—130 页。

47. Die Seele der chinesischen Kunst 中国艺术的灵魂

Deutsche Allgemeine Zeitung，Nr.19 von 12.1.1929.

Dazu：Ziehende Wolken. Nachgedanken von Beward Chun.
Übertragung von E. Boerschmann.

1930

48. Chinesiche Baukunst 中国的建筑艺术

Wasmuths Lexikon der Baukunst. 2.，Berlin：1930，第 41—45 页。

49. Nachruf auf Richard Wilhelm 悼卫礼贤

Ostasiatische Zeitschrift，NF6.1930，第 218—223 页。

50. Joseph Dahlman 达尔曼

Ostasiatische Zeitschrift，NF6.1930，第 262—263 页。

1931

51. ［书评］H. d'Ardene de Tizac：La sculpture chinoise. Paris：G. van Oest 1931.50 S.，64 Taf. 4° = Bibliothèque d'histoire de l'art, publiée sous la direction de M. A. Marguillier

Orientalistische Literaturzeitung，1931，第 185—187 页。

52. Peking. Eine Weltstadt der Baukunst 北京：一座建筑艺术的世界之城

Atlantis，2.1931，第 74—80 页。

53. *Die Baukunst und religiöse Kultur der Chinesen. Einzeldarstellungen auf Grund eigener Aufnahmen während dreijähriger Reisen in China*. Band III：*Pagoden*：*Pao Tá*（宝塔）. Erster Teil. Berlin und Leipzig：Walter de Gruyter&Co. 1931. XV + 428S. Text. 中国建筑艺术与宗教文化·宝塔（一）

1932

54. Chinesische Gedichte 中国诗歌

Sinica，7.1932，第 235—240 页；

第 261—263 页：Zu den chinesichen Gedichten 论中国诗歌的翻译艺术。

55. Berichte über den Fortgang der Arbeiten an den Forschungen über chinesische Pagoden.

Gesellschaft von Freunden der Teschnischen Hochschule Berlin zu Charlottenburg，1932，第 44 页。

关于中国塔研究工作的进展报告

56. Zur Frage der Übertragung chinesischer Gedichte 论中国诗歌的翻译问题

Ostasiatische Zeitschrift，NF. 8. 1932，第 303—307 页。

57. Beseelte Landschaft. Als Grundgedanke eines vaterländischen Ehrenmals in großer Natur. Dargestellt am Beispiel Berka von Ernst Boerschmann，Berlin 灵性的风景

Städtebau，28. 1932/33，第 425—430 页。

1933

58. ［书评］Edwin L. Howard: Chinese garden architecture. A collection of Photographs of minor Chinese buildings. Foreword by E. V. Meeks. New York: the Macmillan Company 1931. X. SText，50 Taf. 4°评《中国园林建筑》(Edwin L. Howard 撰)

Orientalistische Literaturzeitung 1933，Nr. 11，第 707 页。

59. Zehn Jahre geraubtes Memelland 梅美尔：被强占的十年

Wittener Tageblatt，9. 1. 1933

60. Ausreise nach China 启程中国

Memeler Dampfboot，10. 12. 1933；17：12. 1933

61. Chinese Architecture in the Past and Present. An illustrated lecture recently delivered before the Arts and Science Club of Lingnan University. 中国建筑的过去和现在：在岭南大学的演讲

Canton Gazette，14. ，15. ，16. und 18. 12. 1933

62. Durch südliche Eingangstore nach China 经南关入中国：岭南大学的演讲

Deutsch-Chinesische Nachrichten，998：31. 12. 1933，22

1934

63. Besuch bei Tang Shao-yi 访唐绍仪

Deutsche Allgemeine Zeitung，20．1．1934（亦见：*Deutsch-Chinesische Nachrichten*，25.2.1934：S.15）

64. Besuch bei Tang Shao-yi 访唐绍仪

Deutsch-Chinesische Nachrichten，1044：25.2.1934，5

65. An［m］einem chinesichen Fluß 在中国河畔

Münchener Neueste Nachrichten，Nr．8 vom 10.1.1934，第 4 页。

66. Trauerfeier für Hindenburg in Kuling 牯岭追悼 Hindenburg

Deutsche Shanghai-Zeitung，12.8.1934

67. Wiedersehen mit Canton. Ein Brief an das 〈Memeler Dampfboot〉aus China 再见，广州

Memeler Dampfboot，14.1.1934

68. Chinese Architecture in the Past and Present. 中国建筑的过去和现在

Nan-ta kung-ch'eng（*The Journal of the Ling-nan Engineering Association*，Vol. 2，No. 1（Febr. 1934）S. 28－51 Vortrag in The Arts and Science Club of Lingnan University. 参见 61.

69. 欧德曼（Wilhelm Othmer1882－1934）. Ein rechter Mann am rechten Platze. Gedenkwort von Ernst Boerschmann Ou-t'e-man chiao-shou ai-szu-i Gedenkschriften an Prof. Dr. Wilhelm Othmer. Nanking：*Nan-ching kuo-hua yin-shu-kan*，1934，第 17—19 页，收入《欧德曼教授哀思录》。

70. Chineische Baukunst im Wandel unsere Zeit. Aus einem Vortrag von Professor Ernst Boerschmann vor der O. A. G. Shanghai am 1. Februar 1934 in der Kaiser-Wilhelm-Schule 转型时期的中国建筑艺术，1934 年 2 月 1 日在上海 Kaiser-Wilhelm-Schule 的演讲

China-Dienst，1934，第 182—186 页。

71.　Erinnerung an Kao Chi-feng

China-Diest 1934，第 186—187（III.）页。

72.　Chinesische Baukunst von gestern und heute. Zurzeit China. Vortrag v. 17.11.1933 and d. Ling-nan-Universität 中国建筑艺术的过去与现在　参见 62、69。

Ostasiatische Rundschau，15.1934，第 14—17 页。

1935

73.　Meine chinesische Reise 1933/1935：我的中国考察之旅：1933—1935

I.　Ziel，Wege und Erkenntnisse 目标、路线和认知

　　Deutsche Allgemeine Zeitung，Nr. 73‐74（vom 14. Febr. 1935）Beiblatt.

II.　［Äußerer Verlauf］.考察过程

　　Deutsche Allgemeine Zeitung，Nr. 75‐76（vom 15. Febr. 1935）1. Blatt.

III.　China im Aufbau 崛起中的中国

　　Deutsche Allgemeine Zeitung，Nr. 117‐118（vom 12. März 1935）Beiblatt.

74.　Neue Reise nach China 又见中国

Ostasiatische Zeitschrift，NF 11.1935，第 76—79 页（讲座概要）。

75.　China 中国

Städtebau und Wohnungswesen der Welt.世界的城市建设与房产业 Hersg. Im Auftrage des Deutscthen Vereins für Wohnungsreform，Berlin von Bruno Schwan，Berlin：Ernst Wasmuth，1935，第 24—28 页。

S. 28 ff. Engl. Textfassung（英文版）

S. 30 ff. Franz. Textfassung（法文版）

1936

76. ［书评］Gustav Ecke and Paul Demiéville：The twin pagodas of Zayton. A study of the later Buddhist sculpture in China. Photographs & introduction by G. Ecke. Iconography and history by P. Demiéville. Cambridge，Mass.：Harvard = Harvard-Yeching Institute Monograph Series. 2. 评《泉州双塔》（艾锷风、戴密微合著）

Orientalistische Literaturzeitung，1936，第 642—648 页。

作者回应文章：《补充与说明》（G. Ecke：Ergänzungen und Erläuterungen. Monumenta Seria 1936，第 208—217 页。）

77. Das Nationale Grabmal für Sun Yatsen auf dem Purpurberg bei Nanking. 南京金陵山孙逸仙纪念碑

Atlantis，8. 1936，第 65—72 页。

78. Aufstieg in Shensi. Erlebnisse und Beobachtungen 陕西考察见闻录

Ostasiatische Rundschau，17. 1936，第 130—136 页。

79. Das neue China 新中国

Sinica，11. 1936，第 99—119 页。

80. ［书评］Rapport du comité d'experts sur les questions hydrauliques et routières en Chine. Genève 1936. 220 S.，zahlr. Abb.，auch Strichpläne. 4°（Publ. De la Société des Nation. 8：Communications et transit 1936：8，4.）

Zeitschrift der Gesellschaft fürErdkunde zu Berlin，1937，第 214—215 页。

81. Werden eines neuen China. Vortrag，gehalten am 10. Oktober 1936 zur 25. Wiederkehr des Gründungstages der Chinesischen Republik im Hause der Länder，Berlin，Klosterstraße，Verein Chinesischer Studenten. 新中国会实现吗？第三次考察回国之后于 1936 年 10 月 10 日在柏林中国学生联合会上的演讲

Das neue China，2.14.1936，第 5—14 页。

82. Wie der Chinese sein Land liebt 中国人的爱国观念

［Olympia-Empfangs-Schrift des vereins Chinesischer Studenten.］Berlin 1936,6［d. i.9］- 11

83. Gedächtnisbauten für Sun Yat Sen. 中山陵

Das neue China，2.1936：5/6，第 10—14 页。

84. ［书评］Rudolf Kelling und Bruno Schindler：*Das chinesische Wohnhaus*. Mit einem 2. Teil über das frühchinesiche Haus，unter Verwendung von Ergebnissen aus Übungen von Conrady im Ostasiatischen Semiar der Universität Leipzig，und einem Anhang：Chinesisch-deutsches Bau-Wörterbuch. Tokyo：O. Harrassowitz in Komm. 1935. 128，27S.，107 Abb.，3Taf. (*Mitteilungen der Deutschen Gesellschaft für Natur-und Völkerkunde Ostasiens*. Supplement 13.)评《中国住宅》(2 卷 Rudolf Kelling、Bruno Schindler 合著，附：中德建筑词典)

Ostasiatische Zeitschrift. NF 12.1936，第 141—143 页。

1937

85. Chrysanthemen

Deutsche Allgemeine Zeitung，Nr.598 vom 28.12.1937［mit 1 Abb. Aus dem Senfkorngarten］

86. Chinesische Baukunst 中国建筑艺术

Wasmuths Lexikon der Baukunst，5.1937，第 125—128 页。

87. Die große Gebetmühle im Kloster Ta Yüan si auf dem Wu Tai Shan 五台山塔院寺转经筒

Sinica Sonderausgabe，1937，第 35—43 页。

88. Zur chinesischen Architektur 论中国建筑

Ostasiatische Zeitschrift. NF13 1937，第 251—255 页（讲座概要）。

1938

89. ［书评］Daniel Sheets Dye：*A grammar of Chinese lattice*. Cambridge，Mass.：Harvard Univ. Press. 1937. 2 Bde：469 S. (Harvard-Yeching Institute Monograph Series. 5‐6)评《中国格子窗的文法》(Daniel Sheets Dye 著)

Ostasiatische Zeitschrift. NF14 1938，第 171—173 页。

90. ［书评］Lin Yütang：Weisheit des lächelnden Lebens. Aus dem Amerikanischen übertragen von W. E. Süskind. Stuttgart，Berlin：Deutsche Verlagsanstalt 1937. 476 S. 8° Anhang：Kleines Wörterbuch chinesischer kritischer Ausdrücke. 评《生活的艺术》(林语堂著)

Ostasiatische Zeitschrift，NF. 14 1938，第 174—176 页。

91. Die Pai t'a von suiyüan，eine Nebenform der T'ienningpagoden 绥远白塔：天宁寺塔的附属类型

Ostasiatische Zeitschrift，NF. 14.1938，第 185—208 页。

92. Steinlöwen in China. 中国石狮

Sinica 13.1938，第 217—224 页。

93. Buddhistische Klöster in China 中国佛寺：1938 年在法兰克福中国学社的演讲

Mitteilungen des China-Instituts，1938.2.

Vortragsreferat aus Frankfurter Volksblatt v.9.12.1938

94.［书评］Orient et Occident. 1935/1936

Orientalistische Literaturzeitung，1938，658－659

95. Der Geograph Chinas. Zu Georg Wegeners 75. Geburtstag (31.5)中国地理学家：贺 Georg Wegeners 七十五岁生日

Deutsche Allgemeine Zeitung，249 vom 31.5.1938，Unterhaltungsblatt

1939

96. Auf dem Heiligen Hwa-Shan 华山

Das neue China，5.1939：35，170－174

97. Georg Wegener 悼 Georg Wegeners

Ostasiatische Rundschau，20.1939，362－363，1 Portr.

98.［书评］Johannes Prip-Møller：*Chinese Buddhist monasteries. Their plan and its function as a setting for Buddhist monastic life.* Kopenhagen：G. E. C. Gads Verlag 1937. 396 S.，394 Abb. nach Photos und Zeichnungen im Text，1 farb. Taf.，4 pläne.评《中国佛寺考》（艾术华著）

Orientalistische Literaturzeitung，1939，51－57

99. Pagoden in Nordchina zur Zeit der Liao und Chin(11.－12. Jahrhundert)辽金时期(11—12 世纪)中国北方的宝塔

Ostasiatische Zeitschrift，NF 15/16.1939/40，113－117

1940

100. Chinesiche Gürtelschnallen. Sammlung Olga Julia Wegener im

China-Institut Frankfurt am Main. 中国的腰带带扣：法兰克福中国学社 Olga Julia Wegener 的收藏

Sinica，15. 1940，3 – 9

1942

101. Der Kaiserkanal. 大运河
Atlantis，14. 2. 1942，11 – 15

102. Pagoden im nördlichen China unter fremden Dynastien 异族统治下中国北方的塔
Der Orient in deutscher Forschung：Vorträge der Berliner Orientalisierentagung Herbst 1942，Leipzig：Otto Harrassowitz，1944，182 – 204，Taf. XXXIII – XL

103. [Notiz über Prip-Møller.] 艾术华·摘记
Ostasiatische Zeitschrift，NF 18. 1942/43，196

1946

104. Klassische Baukunst der Chinesen 中国人的古典建筑艺术
Ho Ping Pao = Der Frieden，2. Sonderausgabe vom 10. Oktober 1946(Berlin-Charlottenburg). 7

1947

105. Chinesch-Deutsche Freundschaft. Ein Brief von Prof. E. B an die Schriftleitung der "*Ho Ping Pao*" 中德友谊：鲍希曼致《和平报》的一封信
Ho Ping Pao = Der Frieden，S6. 1947 Septemberheft，1 Jahrgang/Nr. 5.

（二）编译本

英译本：*Picturesque China：Architecture and Landscape：A Journey through Twelve Provinces by Ernst Boerscmann*，trans. Louis Hamilton，New York：Brentano's，1923、1926；Berlin-Zürich：Atlantis-Verlag，1925；London：T. Fisher Unwin，1926.

Old China：in Historic Photographs，288 *views by Ernst Boerschmann. With a new introduction by Wan-go Weng*［翁万戈］，New York：Dover，London：Constable，1982. XV，287S. 4°

法译本：*La Chine pittoresque*，Paris：A. Calavas 1923. 25S. 288 Taf.

中译本：［德］伊斯特·柏希曼：《西风残照故中国》，罗智成译，中国台北：时报文化出版社，1984 年。

［德］恩斯特·柏世曼：《寻访 1906—1909：晚晴西人眼中的中国建筑》，沈弘译，天津：百花文艺出版社，2005 年。

［德］恩斯特·伯施曼：《中国的建筑与景观》（1906—1909 年），段芸译，北京：中国建筑工业出版社，2010 年。

Hongkong，Macau und Kanton：Eine Forschungsreise im Perlfluss-Delta 1933，Eduard Kögel（Vorwort），Berlin/Boston：De Gruyter，2015.

Ernst Boerschmann：*Pagoden in China：Das unveröffentlichte Werk „Pagoden II "*，Aus dem Nachlass herausgegeben，mit historischen Fotos illustriert und bearbeitet von Hartmut Walravens，Wiesbaden：Harrassowitz Verlag，2016.

8 schönen Punkte vom Yütsüenschan　玉泉山八景

Asoka　阿育王

Bergkloster Ling yen sze　（山东）灵岩寺

Bodhisatvas der Tüchtigkeit　普贤菩萨

Bodhisatvas der Weisheit　文殊菩萨

Bodhisatva　菩萨

Brücke im Kaiserlichen Park　承德避暑山庄水心榭

Budda　佛

Buddhistische Bibliothek　藏经阁（显通寺）

Buddhistischer Freidhof des Kloster　塔院（灵岩寺）

Chin-sze，Kin tzé　晋祠

Chuan-chu，Li-ping，der Herr von Sze-chuan　川主李冰

Das Lamakloster Pótála in Jehol　普陀宗乘之庙，小布达拉宫

Der Gott des langen Lebens，Shou-hsing　寿星

Der Tempel Fa yüssu　法雨寺

Die Acht-Genien　八仙

Die feierliche Pagode von T'ien ning sze bei Peking　北京天宁寺

Die fünf altchinesischen heiligen Berge　五岳

Die große Mauer　长城

Die große Wildganspagode　大雁塔

Die heiligen Berge　圣山

Die Höhle des Drachen königs　龙王洞

Die kleine Wildganspagode　小雁塔

Die Klöster im Hochtal des heiligen buddhistischen Berges der 5
　　Kuppen，Wu tai shan　五台山谷地寺庙群

Die Lung hua tá，Loang whe-Pagode，Pagode der Drachenschönheit
　　龙华塔

Die Tempel auf der Spitze des Heiligen Tai shan　泰山顶的寺庙

Die vier buddhistischen heiligen Berge　四大佛教名山

Die vier Himmelskönige　四大天王

Di-wang-miao　帝王庙

Drachentor　龙门

Drachen　龙

Dämonenbezwingger Chung K'uei　钟馗

Einhorn　独角兽　麒麟

Elefant　大象

Felsenrelief bei Kuan-yüan-hsien　广元县石刻

Felsentemple im Gebirge Mien-shan　山西绵山崖寺

Gedächtnistempel für den Staatsmann Li Hungchang　李鸿章祠

Gedächtnistemple des Kaisers Huang Di，Huang Ti miao　黄帝庙

Gedächtnistemple des Kaisers Yao　尧帝庙

Glasurpagode　显通寺琉璃塔

Gotte der Unterwelt　地藏王菩萨

Große Gebetshalle　大雄宝殿（显通寺）

Hiangki sze　香积寺

Hien tung sze　显通寺

Himmelstemple，Halle der Jahresgebete　祈年殿

Huang sze，Gelben Kloster　黄寺

Huo-shen，Feuergott，der gefürchtete Gott des Feuers und der Dürre
　　火神

Höhlenkloster der Wolkengipfel　云峰寺

Jagdpark，Peking-Westberge　玉泉山

Jünger Buddhas，Lo-han　罗汉

Kaisergräbern der Ming-Dynastie　明帝陵

Kaisericher Park Tsing i yüan　静宜园

Kaiserpalast　紫禁城　故宫

Kieh tái sze，Terrassenkloster der Gelübde　戒台寺

Kieh túng sze　戒幢寺

Kleines Tempelchen von Ts'ing yang shu　青杨树碧霞元君庙

Kloser Neng jen sze　能仁寺

Kloster Chih yüan sze　九华山祇园寺

Kloster Da lin-sze　大林寺

Kloster der 500 Lohan　五百罗汉堂

Kloster des himmlischen Friedens，Tíen ning sze　天宁寺

Kloster und Gedächtnistemple für Zhang Liang　张良祠

Kohlenhügel　景山

Konfuzius K'ung tze　孔子

Konfuzius-Tempel in Nanking　南京文庙

Kuei-sing（Kwei sing），der Gott der Literatur　魁星，奎星

Kwan yin，Kuan-yin，Göttin der Barmherzigheit　观音菩萨

Käiserlich Sommergärten 颐和园

Lamakloster Hingkung 显通寺

Lama-Pagode 喇嘛塔

Laotsze 老子

Lao-ye, der Gott der tüchtigen Lebensführung, der Kriegsgott 老
爷、战神

Ling yen sze, Pagode im Kloster der beseelten Bergglpfel 灵岩寺

Lokapala 天王

Losana Buddha 卢舍那佛

Löwe 狮子

Marmorpagode im Lamakloster Huang sze 黄寺金刚宝座塔

Marmorpagode in Pi Yün sze 碧云寺金刚宝座塔

Ma-wang, die Könige der Pferde 马王

Miao tái tze 庙台子

Ming-Gräber, Nanking 明陵

Mi-lo-fo, Dickbauchbuddha 弥勒佛

Nan hua Kung 南华宫

Nan hua sze 南华禅寺

Nan tían men, Das südliche Himmelstor am Gipfel des heiligen
Berges 泰山南天门

Nan Yüe miao 南岳庙

Nank'ou-Paß bei Peking 北京南口云台

Nan-yüo-shen-kung, Der Geist des südlichen Berges 南岳神公

Nan-yüo-shen-mu, Frau von Geist des südlichen Berges 南岳神母

Nan-yüo-shen-ti, der eigentliche Herrschergeist des südlichen Berges
南岳神帝

Niuwang，die Könige der Büffel　牛王

Opferterrasse　圜丘

O-mi-to-fo，Amitābha　阿弥陀佛

Pagode von Palichuang，Pagoda im Dorf Palichuang　八里庄塔

Pagode von Tíen ning sze　天宁寺塔

Pai t'a im Miao ying sze　妙应寺白塔

Pai t'a Weiße Pagode　白塔

Pao Tung ssu　宝通寺

Passtemple　通廊庙

Pei hai-Kaiserpalast　北海

Pi Yün sze，der Temple der schwarzblauen Wolken　西山碧云寺

Priestern　僧侣

Pu to shan，der heiligen Insel der Kwan yin，der Göttin der
　Barmzigkeit　普陀山，观音岛

Pu-hien　普贤

Schildkröte　乌龟

Schlange　蛇

Shansi-Klub　陕西会馆

Shan-shen niang-niang，Das Berggeist-Fräulein　山神娘娘

She li ta. Die Große Reliquienpagode　（五台山）舍利塔

Shen Tung sze　神通寺

Shih fang táng　什方堂（五台山）

Shih san ling，13 Kaisergräben der Ming-Dynastie，Ming-Gräber，
　Peking　明十三陵

Shi-kia-fo　释迦佛

Shuang tá sze　（太原）双塔寺

Siao yen t'a　小雁塔

Siling，Die Westlichen Kaisergräbern der Manschu-Dynastie　清西陵

Siretu Hutuktu　席力图召大喇嘛

Sommerpalast　颐和园

Sommerresidenz bei Peking（Wan-shou shan-Palast）　颐和园

Sommerresidenz der Mandschu-Kaiser mit Lamaklöstern　承德避暑山庄和喇嘛庙

Sommerressidenz Jehol　承德避暑山庄

Staatstempel　即指日坛、月坛、天坛、地坛、先农坛

Stadtmauer　城墙

Steinstempel im Bezirk Lo-kiang-hien　（四川）罗江县石庙

Sung yo sze　嵩岳寺

Sung yüa sze，Wei-Pagode　嵩岳寺（魏）塔

Sung-tsze niang-niang，die kinder bringende Göttin　送子娘娘

Sun-Yatsen-Memorialhall　孙逸仙纪念堂

Ta pei sze　大悲寺

Ta yen t'a　大雁塔

Tai-miao，Großer Tempel am Tái shan　岱庙

Tan hia schan　丹霞寺

Taoistische Mönche　道士

Tausendarmige Kuanyin in der vier Weltrichtigungen　四面千手观音像

Tempel der Tái shan-Göttin　泰山娘娘庙　碧霞元君庙

Tempel des Konfuzius　文庙　孔庙

Tempel Shang-feng-sze　衡山上封寺

Tempel Wan-nien-sze auf dem O-mi-shan　峨眉山万年寺

Temple der Táng-Kaiserin Wu Hou　武侯祠

Temple des Windgottes　风神庙

Temple Hua yin miao　华阴庙

Tie-fo-sze，Tempel des eisernen Buddha auf dem Heng-shan　铁佛寺

Tiger　老虎

Tou-chen niangniang，die Beschützerrin der Kinder vor Pocken　痘疹娘娘

Tsu-tien，Chu-tien　诸天

Tungling，Die östlichen Kaisergräbern der Manschu-Dynastie　清东陵

Tíen，tán，Himmeltempel　天坛

Túngchóu-Kanal　通州大运河

Wachtgottheiten　天王

Wei-to，der Beschützer des Buddhismus　佛教护法韦陀

Welthüter und glorreichen Devas　金刚力士

Wen-chang　文昌

Wen-tsai-shen，Reichtumsgott　文财神

Wu tseng lou，der Turm von fünf Geschlossen　五层楼

Wu tǎ sze，Fünf Turm-Pagode　五塔寺

Wu-tsai-shen，Reichtumsgott　武财神

Wu-yüo-tien，Tempel für die Geister der fünf heiligen Berge　五岳殿

Yen-tze　颜子

Yo-shih-fo　药师佛

Yung tsǘan sze，Kloster der Sprudelnden Quelle　涌泉寺

Yü-huang，der Edelsteinkaiser　玉皇

附录 4　人名、杂志和机构

人名

Adolf Fischer，1856—1914　费实

Albert Grünwedel，1856—1935　格伦威德尔

Albert Herrmann　阿尔伯特·赫尔曼

Albert Tafel　1876—1935　阿尔伯特·塔弗尔

Alfred Forke，1867—1944　弗尔克

Alfred Oppenheim，1873—1953　奥彭海姆先生

Alfred Salmony，1890—1958　萨尔摩尼

Alvaro Semedo，1585—1658　曾德昭

Athanasiu. Kircher，1601—1680　基歇尔

August Conrady，1864—1926　孔好古

Banister Fletcher，1833—1899；1866—1953　弗莱彻父子

Bernard Kilain Stumpf，1655—1720　纪里安

Bernd Melchers，1886—1967　梅尔彻斯

Chao örl feng，1845—1911　赵尔丰

Curt Rothkegel，1876—1945　库尔特·罗克格

Daijo Tokiwa，1870—1945　常盘大定

Damian Kreichgauer，1859—1940　克莱希高

Dschingis Khan，1162—1227　成吉思汗

Eduard Kögel　爱德华·克格尔

Emmanuel-Edouard Chavannes，1865—1918　沙畹

Erich Hauer，1878—1936　郝爱礼

Erich Hänisch，1880—1966　海尼士

Ernest Eitel，1838—1908　艾德

Ernst Boerschmann，1873—1949　鲍希曼

Ernst Fuhrmann，1886—1956　恩斯特·福尔曼

Ferdinand Verbiest，1623—1688　南怀仁

Franz Baltzer，1857—1927　巴尔册

Franz Oelmann，1883—1963　欧尔曼

Frederick McCormick，1870—1951　麦考密克

Freiherr von Richthofen，1833—1905　李希霍芬

Friedrich Hirth，1845—1927　夏德

Friedrich Mahlke，1871—1944　弗里德里希·马尔克

Friedrich Max Trautz，1877—1952　马克思·特劳慈

Friedrich Wilhelm Karl Müller，1863—1930　缪勒

Fritz Jäger，1886—1957　颜复礼

Gabriel de Magalhāes，1609—1677　安文思

Georg Wegner，1863—1939　乔治·魏格纳

George Wegener，1863—1939　乔治·魏格勒

Gisbert Combaz，1869—1941　吉斯勃特·康巴斯

Godfrey Fohziehn Ede，1903—1983　奚福泉

Gonzales de Mendoza，1540—1617　门多萨

Gustav Ecke，1896—1971　艾锷风/艾克

Heinrich Hildebrand，1855—1925　锡乐巴

Heinrich Schubart，1878—1955　海因里希·舒巴特

Herbert Müller，1885—1966　穆勒

Ignatius Kögler，1680—1746　戴进贤

Itō Chūta，1867—1954　伊东忠太

Jan Nieuhof，1618—1672　纽霍夫

Jean-Baptiste Du Halde，1674—1743　杜赫德

Johann Adam Schall von Bell，1592—1666　汤若望

Johannes Prip-Møller，1889—1943　艾术华

Jonny Hefter，1890—1953　乔尼·赫福特

Joseph Edkins，1823—1905　艾约瑟

Karl Bachem，1858—1945　卡尔·巴赫曼

Karl With，1891—1980　卡尔·韦兹

Louis le Comte，1655—1728　李明

Ludwig Bachhofer，1864—1945　巴赫霍夫

Marcel Mauss，1872—1950　毛斯

Marie du Bois-Reymond　玛丽夫人

Matteo Ricci，1552—1610　利玛窦

Ogawa Kazuma，1860—1929　小川一真

Olga-Julia Wegener，1863—1938　茱莉亚·魏格勒（魏萨氏）

Osvald Sirén，1879—1966　喜龙仁

Otto Fischer，1886—1948　奥托·费舍尔

Otto Franke，1863—1946　福兰阁

Otto Kümmel，1874—1952　屈美尔

P. Ferdinand Hestermann，1878—1959　海斯特曼

P. Joseph Dahlmann S.J，1861—1930　约瑟夫·达尔曼

Pantjen Erdeni Lama，1738—1780　六世班禅额尔德尼罗桑华丹

益希

Paul Demiéville，1894—1979　戴密微

Paul Pelliot，1878—1945　伯希和

Peter Jessen，1858—1926　皮特·杰森

Reginald F. Johnston，1874—1938　庄士敦

Richard Wilhelm，1873—1930　卫礼贤

Rudolf Kelling　基灵

Sekino Tadashi，1868—1935　关野贞

Shao-ling Woo　伍少岑

Thomas Pereira 1645—1708　徐日昇

W. Perceval Yetts，1878—1957　叶慈

Walter Fuchs，1902—1979　福克斯

Wilhelm Othmer，1882—1934　欧德曼

William Cohn，1880—1961　科恩

William Edger Geil，1865—1925　埃德加·盖尔

Wilma Fairbank，1909—2002　费慰梅

杂志和机构

Anthropologischen Gesellschaft　人类学学会

Bibliothek des Königlich Kunstgewerbe-Museum　柏林工艺美术馆
　图书馆

China Monuments Society　中国古物协会

Field Museum in Chicago　芝加哥菲尔德博物馆

Frankfurter Kunstverein in Frankfurt am Main　法兰克福艺术协会

Gesellschaft für Endkunde　地理学会

Gesellschaft für ostasiatische Kunst　柏林东方艺术协会

Königlich Kunstgewerbe-Museums zu Berlin 德意志皇家工艺博物馆

Königlich Museums für Völkerkunde 德意志皇家民族志博物馆

Notgemeinschaft der Deutschen Wissenschaft 德意志临时科学联合会

Ostasiatische Abteilung des Museums für Völkerkunde 民族志博物馆的东亚部

Staatliche Museen zu Berlin-Museum für Fotografie 德国柏林国家博物馆摄影部

Verband für den Fernen Osten 远东学会

Der Ostasiatische Lloyd 《德文新报》

Journal of the Nord-China Branch of the Royal Asiatic Socidety 《皇家亚洲文会北中国支会会报》

Ostasiatisch Zeitschrift 《东亚杂志》

Ostasiatische Rundschau 《东亚周报》

Zeitschrift der Deutschen Morgenländischen Gesellschaft 《德国东方学学会会刊》

Zeitschrift für Ethnologie 《民族志杂志》

4 buddhistische heilige Berge　四大佛教名山

5 altechinesische heilige Berge　五岳

18 Kultur-Provinzen　十八行省

Am Knie des Hoang ho　黄河拐弯处

Anhui　安徽

Anyihien　安邑县

Berg der Weißen Wolken　白云山

Bezirksstadt　州城，府城，郡城

Canton　广州

Chaohua　昭化

Chekiang　浙江

Ch'engtufu　成都府

Chái kuanling　柴关岭

China Proper　中国本土/中国本部

Chinesisch-Turkestan　突厥斯坦

Chángshafu　长沙府

Chéngtu-Ebene　成都平原

Chochou　涿州

Chouhien　邹县

Chungking 重庆

Chusan-Archipel 舟山群岛

Dayihien 大邑县

Der Ebene von Cheng-tu-fu 成都平原

Dongting-See，Tungting-See 洞庭湖

Fenchou fu 汾州府

Fen-Fluß 汾河

Fengduhien 丰都县

Fenghien 凤县

Fengsiang fu 凤翔府

Fengxiang kóu，Feng siang Hia，die Blasebalgschlucht 风箱峡，风
　箱口

Formosa 中国台湾

Fukian 福建

Futschou，Fuchau，Fuchou 福州

Gelben Fluss，Hoangho 黄河

Gelbes Meer 黄海

Hainan 海南

Hanchenghien 韩城县（同州府韩城司马迁祠）

Hanchou 汉州

Hanchung fu 汉中

Hangchow，Hangchoufu 杭州

Hangshan 衡山

Hankou 汉口

Heilige Berge 中国圣山

Hengchoufu 衡州府

Hengshanhien　衡山县

Heng-shan　恒山

Honanfu　河南府

Hongkong　香港

Hua shan　华山

Hunan　湖南

Hupei　湖北

Ichángfu　宜昌府

Jehol　热河　承德

Jen hua hien

Kansu　甘肃

Kúeichou fu　夔州

Küfuhien　曲阜

Kiaichou　解州

Kiaihiuhien　介休县

Kialing-Fluß　嘉陵江

Kiangsi　江西

Kiangsu　江苏

Kiatingfu　嘉定府

KiauTschou　胶州

Kienchou　剑州

Káifengfu　开封府

Kingmenchou　荆门州

Kiu-hua-shan，kio nuashan　九华山

Kiu-kiang　九江

Kuangsi　广西

Meichou　眉州

Mengchéng　蒙城

Mengolei　蒙古

Mienchou　绵州

Mienhien　勉县

Mienshan　绵山

Min-Fluss　岷江

Min-Fluß　岷江

Mukdan　奉天府(沈阳)

Nanyang　南阳府

Ningpo　宁波

Omihien　峨眉县

Omishan　峨眉山

Östliches Meer　东海

Paiding fu　保定府

Paokihien　宝鸡县

Paoningfu　保宁府

Patunghien　巴东县

Púchoufu　蒲州府

Peiho　北河

Peking　北京

Píngyang fu　平阳府

Poyang See　鄱阳湖

P'u T'o(-shan)，Pu to shan der heiligen Insel der Kwan zin，der
　　Göttin der Barmherzigkeit　普陀山

Qingchéngshan　青城山

Santuao，Santao   三都澳

Südliches Meer   南海

Shanchou   陕州

Shanghai   上海

Shantung   山东

Shanxi   山西

Shao/Shin chow   韶关   韶州

Shenxi   陕西

Shin-chow

Shiuhing

SianfuHsinganfu   西安

Siangkiang   湘江

Sikiang   西江

Sopingfu   朔平府

Suchou，Souchow，Soochow   苏州

Suifu   随府

Suiyüan   绥远

Sungkiangfu   松江府

Sung schan   嵩山

Szech'úan   四川

Taian fu   泰安府

Tai yüan fu   太原府

Ta ming hu，See des Großen Glanzes   大明湖

Tangyanghien   当阳县

Tat'ung   大同

Tibet   西藏

Tientsin　天津

Tái shan　泰山

Tschaoking mit Tsching yen　肇庆和七星岩

Tsíen fo shan　千佛山

Tsinanfu　济南府

Tsing yang shu　青杨树

Tsiningchou　济宁州

Tsin ling shan，Tsínling Gebirge　秦岭山

Tsze liu tsing　自流井

Tzetúnghien　梓潼县

Wanhien　万县

Westfluss　西江

Westsee bei Hangchow，Sihu　杭州西湖

Wolungkang　卧龙岗

Wuchang　武昌

Wuchou　梧州

Wushanhia　巫山峡

Wushanhien　巫山县

Wu tʻai shan　五台山

Yachaaufu　雅州

Ya-Fluß　雅江

Yangchow　扬州

Yangtse　长江

Yüehxiu shan　越秀山，粤秀山

Yenchou fu　兖州府

Yishihhien　猗氏县

Yünnan　云南

Yünyanghien　云阳县

Abakus　冠板

Abdeckplatte　覆盖板

Abschlußgesims　收分单檐

Abtreppeung　塔层收分

Abtreppung

Achse　轴线

Achtzehn Schüler Buddhas　十八罗汉

Ahnenkultus　祖先崇拜、祖先祭祀

Ahnentempel　祠堂

Ahnentäfelchen　祖先牌位

Ahnenverehrung　祖先崇拜

Ahnenverehrung　祖先崇拜

Altarunterbauten　祭坛底座

Altäre　祭坛

Aufbau　架构

Auftritten　阶梯

Ausbildung　构造

Aussicht- und Bismarktümen　俾斯麦瞭望塔

Babylonischen Zikurrat　巴比伦金字形神塔

Baldachin　华盖

Balken　额枋

Barock　巴洛克

Bauanlage　建筑布局

Bauform　建筑形式

Baugelieder　建筑构件

Baugruppen　建筑群

Bauleute　建筑工匠

Baumassen　建筑尺寸

Begleitenfiguren　侍者

Bekrönung　塔冠

Bergkloster　山寺

Bergtempel　山寺

Bindergebälke　梁架

blinde Stockwerke　暗层

Blindtüren　盲门

Breitseite　阔面开间

Brüstungen　栏杆

Brüstung　勾栏,栏杆

Buddhismus　佛教

Buddhismus　佛教

Dachdeckung　屋盖

Dachflächen　屋面

Dachkranz　塔檐

Dachlinien　屋面线

Dach　屋顶

Diagramme　卦

Diamantkeule　金刚杵

Die buddhistische Trias　三世佛

Die Páilou mit durchschießenden Dach　"楼顶式"（"不出头式"）

Die Páilou mit durchschießenden Pforten　"冲天柱式"（"柱出头式"）

Donnerkeil　霹

Doppelaltar　双层祭台

Doppelaltar　双层祭坛

Doppelte Gesimse　重檐

Doppelter Dachbekrönung　重檐

Doppeltreppe　双梯

Drachen-Phönix-Tor　龙凤门

Dreieinigkeit　三教合一

Dreizack　三齿叉

Dualismus　二元论

Durchgangshalle　通廊殿

Durchgangshalle　通廊殿

Ecksäulen　角柱

Ecktürmchen　角楼

Ehrenbogen　纪念性拱券

Ehrenpforten　门牌楼

Ehrentafeln　纪念碑

Eingangspforten　门楼

Eingänge　入口

Erddrache　地龙

Erdgeschoß　地面层

Fassade　立面

Felsentempel　崖寺

Felsentepel　崖寺

Fenstermaßwerk　几何形窗花格

Feuerperle　火龙珠

Firsten　屋脊

Firste　屋脊

Flächenausdehnung　平面展开

Flächenfüllung　平面嵌板

Flächen　平面、面

Freiskulptur　雕塑

Freisäulen　立柱

Friedhöfe　塔院,墓园

Fries　（墙壁上端）雕饰花纹

Friesen　雕饰花纹

Friesplatten　花板

Frontachse　立面轴线上

Frontansicht　正立面

Frontwand　前壁,前墙

Fußglied　底板

Galeriepagode　外廊层塔

Gebälk　梁架

Gedächtnistempel　纪念性的庙堂(宗祠、文庙、祠堂)

Geistweg, Heiliger Weg　神路

Geliederte Spitze　宝刹

Gerippe　骨架　结构

Gesimse　横脚线

Gesimslinien　横脚线

Gesimsteilung

Gesimsteilung　墙角线

Giebelseite　山墙侧面、窄面

Giebel　山墙

Gipfelstange　刹管

Gliederung　分隔，分段

Gotik　哥特式

Gottheiten　神灵

Grabfassade　坟墓正立面

Grabkapelle　墓室

Grabtafel　墓碑

Graten　穹棱

Große Mauer　长城

Grundfläche　平面面积

Grundriss　平面图、平面布局

Gruppierte Marmor- und Steinpagoden　金刚宝座塔

Gräberalleen　墓道

Gräberfeldern　墓地

Götterfiguren　神像

Götterfiguren　神像

Götterstatuen　神像

Han schi kieh k'i：Stufensockel aus der Han-Dynastie　汉式台基

Hauptaltar　主祭坛

Hauptgeschoß　塔身

Hauptgeschoß　主塔层

Hauptgottheit　主神

Hauptgötter　主神

Haupthalle　主殿、大殿

Hauptheiligtum　主殿

Hauptsachse　主轴

Hauptzugang　主道、主路

Haussprüche　楹联

Heilige Berge　圣山

Hellebarde　长柄斧

Helme　穹形屋顶、塔尖屋顶

Himmelsdrache　天龙

Holzkuppeln　木藻井

Holzschnitzerein　木雕

Holzschnitzkunst　木雕艺术

Holzsparren　木椽子

Holzsparren　双层木椽子

Höfe　庭院、院落

Höfe　院落

Höhlentempel　洞寺

Hügel　墓冢

Innenräumen　内部空间

Inschriften　碑

Kaisergräber　帝陵、皇陵

Kanten　镶边

Kapplle　佛室

Kassettendecken　花格平顶

Kaufhäuser　商铺

Kaufläden　商店

Ki Ta，Stufenpagode　级塔

Kirchtürme　教堂塔楼

Knauf　龙车

Knopf　宝珠

Konfuzianismus　儒教、儒家思想

Konsolarmen　拱臂

Konsolenkapitäle　悬臂托架

Konsolenreihen　斗拱

Konsolen　柱子

Konsolgesims　斗拱

Kragdecke　托架盖

Kröte　蟾蜍

Kunstgewerbe　工艺品

Kuppel　穹隆　圆顶

K'i-tan Tataren　契丹鞑靼人

Landschaftbilde　景观

Lanze　矛

Losanaterrassen　卢舍那台

Losanathron　仰莲座

Lotosblättern　仰莲瓣

Lößgebiet　黄土区

Marmorpagoden　金刚宝座塔

Massen　尺寸

Massivbauten　砖石建筑

Mauerflächen　墙面

Maßwerksprossen　重棂子

Maßwerk　几何形窗花格

Mongolentor　蒙古风格的门（居庸关云台）

Monumentalbauten　纪念性建筑

Monumentalität　纪念性

Mäandermuster　回字纹

Möbel　家具，室内陈设

Naturalismus　自然主义

Nebentempel　附属庙宇、次要的庙宇

Netzmuster　网纹

Nord-Süd Achse　南北向轴线

Opfergeräten　祭器

Opfertisch　祭台

Ornamentik　装饰

Ortrippen　肋条

Ortschaften　村庄

Pagoden mit reichster Geliederung　密檐宝塔

Pagoden　宝塔

Pailou　牌楼

Paläste　宫殿

Perlenschnüre　流珠

Pfosten　楼柱

Plastik　雕塑

Platte　平座

Polytheismus　泛神论、多神论

Porzellanscherben　瓷片

Putz　石灰

Pylonen　双阙

Päonie　植物纹

Quadratischen Kapellenstupa　方形窣堵坡

Rahmenwerk　框架

Rankenwerk　涡卷纹

Reich gruppierte Pagoden　群塔

Reliefkunst　浮雕艺术

Reliefschmuck　浮雕装饰

Relief　浮雕

Ringdächer　圆形塔檐

Ringen der Spira　相轮

Ringen　层数

Ringpagode　叠层塔

Rundtüren　圆门

Sanktuarium　塔室　塔心室

San-kiao，drei chinesische Religionen，drei Religionen　三教

Schaft des Turmstockes　塔顶柱

Schatten　明暗

Schirm　伞盖

Schlagkeule　法棍

Schmuck　装饰

Stufenterrasse　塔阶

Stützenstellung　支撑点

Svastika　"卍"字符

symbolischen Steinfiguren　石像生

Symbolismus　象征主义

Säulenkörper　柱体

Säulentürme　柱楼

Säulen　柱子

Säuletürme　塔柱

Taoismus　道教

Taoistische Gottheiten　道教神灵

Tauschüssel　塔顶

Tempelinner　寺庙内部

Tempelinschriften　寺庙碑铭

Tempeln　寺庙

Terasse　台基

Terrakotta　陶件

Tierfiguren　动物造像

Tische　桌子

Tonnengewölbten　筒形拱

Tonplatten　陶板

Ton　陶

Torbauten　山门、门

Torbauten　山门、门楼

Torhüter　门神

Traufe　屋檐

Trauflinien　檐口线

Trias　三个一组的造像

Tseng Ta，Stockwerkpagode　层塔

Turmaufbau mit engen Dachkränzen　楼阁式塔檐

Turmaufbau　楼阁建筑

Turmstock　塔级

Turm　楼阁

Türme　楼阁

Umgang　回廊

Umgänge　回廊

Umriss　轮廓

Unterbau　基座、底座、底部结构

Urne　宝瓶

Vadjra-Zepter　权杖

Vaisravaana　多闻天王

Wegaltäre　土地庙

Wegkapellen　边小殿小庙

Wegkapellen　路边小庙

Wen miao　文庙　Konfuzius-Tempel　孔庙

Wohnungen　住宅

Wölbungen　拱顶　窑洞　拱形结构

Zahlensymbolik　数字象征

Zaubertafeln　神碑

Zeltdach　坡屋顶

Zeltdach　帐篷式塔刹

Ziegeln　砖

Ziegelpagode　砖塔

Ziegelrippen　交叉拱、穹棱

Zwickeln　楔形构件

Zwischendächer　塔檐

Zwischenkörpen　塔身

Zwischenkörper　夹层

译后记

　　本书所辑,或著作节选,或文章,或展览文案,系译者在中央美术学院博士后流动站从事"鲍希曼与早期西方中国传统建筑研究"课题期间完成。《温故启新:鲍希曼中国建筑考察研究及其意义》曾发表于《文艺研究》(2014年第12期),此次在原文基础上进行了补充和一些修改,以期能够使本书读者对鲍希曼及其研究工作有一个整体性的认识。

　　译者将鲍希曼主要著作的《导言》或《总论》也进行了节选编译:第一章"中国建筑艺术与宗教文化"三小节内容分别来自《中国建筑艺术与宗教文化》(三卷本)第一卷《普陀山·导论》(1911)、第二卷《祠堂·导论》(1914)、第三卷《宝塔·导论》的(1931)。第二章"中国建筑"来自《中国建筑》(两卷本)《前言·中国传统建筑形式之研究》和《总论·中国建筑之本质》(1925),这部分译文被《中国建筑》(两卷本)的中译本所用。

　　此次收录的,还有鲍希曼为1912年德国普鲁士皇家工艺美术馆和1926年法兰克福中国学社举办"中国建筑艺术"展览而撰写的文案,该导览刊印了单行本,并附有少量图片。译者参照1912年展览之后由德国国家博物馆摄影部所藏的展览照片目录,结合1923年

《中国建筑艺术与景观》和 1925 年《中国建筑》两书之中的插图,补充了部分插图。

《中国建筑与文化之探究》(1911 年)、《中国三教合一举隅》(1911 年)、《绥远白塔:天宁塔的一种演变形式》(1938 年)、《异族统治下中国北方的宝塔》(1942 年)是鲍希曼以单篇形式发表的论文,其中《异族统治下中国北方的宝塔》的译文曾发表于《美术向导》(2014 年第 5 期)。

附录 1 是德国汉学家颜复礼在鲍希曼去世之后撰写的悼念文章,该文的译文曾以"鲍希曼:中国建筑艺术研究先驱"为题刊发于《艺术设计研究》(2013 年第 3 期)。附录 2"鲍希曼著作和论文的目录",是在德国文献目录学者魏汉茂所编辑的《鲍希曼书信集》(Briefwechsel mit Ernst Boerschmann,in:*Albert Grünwedel:Briefe und Dokumente*,Wiesbaden:Harrassowitz,2001.103 – 112.)中摘录并整理而成,在此对魏汉茂先生在鲍希曼研究乃至整个德国东亚研究领域之中所做的文献工作,致以特别的敬意。

编译稿最终能够结集出版,则要感谢李声凤博士的督促、推动和无私的帮助,感谢本书编辑杜鹃女士细致和耐心的工作。

图书在版编目(CIP)数据

　　如画的景观：鲍希曼中国建筑论著选/(德)鲍希曼著;赵娟
译.—上海:上海三联书店,2022.7
　　ISBN 978－7－5426－7752－5

　　Ⅰ.①如…　Ⅱ.①鲍…　②赵…　Ⅲ.①建筑史－中国
Ⅳ.①TU－092

　　中国版本图书馆 CIP 数据核字(2022)第 117319 号

如画的景观：鲍希曼中国建筑论著选

著　　者 / [德]鲍希曼
译　　者 / 赵　娟

策　　划 / 李声凤
责任编辑 / 杜　鹃
装帧设计 / 徐　徐
监　　制 / 姚　军
责任校对 / 王凌霄

出版发行 / 上海三联书店
　　　　　(200030)中国上海市漕溪北路 331 号 A 座 6 楼
邮　　箱 / sdxsanlian@sina.com
邮购电话 / 021－22895540
印　　刷 / 上海惠敦印务科技有限公司

版　　次 / 2022 年 7 月第 1 版
印　　次 / 2022 年 7 月第 1 次印刷
开　　本 / 890mm×1240mm　1/32
字　　数 / 240 千字
印　　张 / 10.25
书　　号 / ISBN 978－7－5426－7752－5/TU·50
定　　价 / 68.00 元

敬启读者,如发现本书有印装质量问题,请与印刷厂联系 021－63779028